新装版 ピタゴラスの定理 100の証明法
─ 幾何の散歩道 ─

森下 四郎

Morishita Shiro

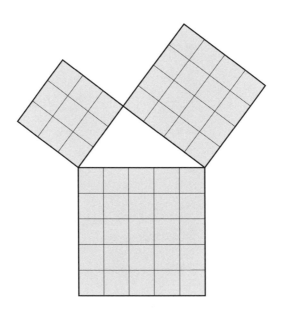

プレアデス出版

はじめに

ピタゴラスの定理は，古くから数学のシンボルの1つとして取り扱われてきた最も有名な定理の1つである．その証明法もまた，多くの人々の注目を集めてきた．

この本では，その証明法に焦点を当て，手に入れられる文献・見ることのできる文献の中からピタゴラスの証明法に関するものを探し出し，集めた証明法の体系化も試み，また，各証明法の関係も考察し，その過程で考えた証明法も加えた．

結果としてここで取り上げた証明法は，数え方にもよるが約100である．そして，これらについて考えた人，考えた時代，逸話などのわかるものはそれぞれ明らかにした．

本の性格上数式が多いが，それもできるだけわかりやすくするよう努力した．

数学や幾何学という一見無味乾燥な学問の中にあるロマンを感じ取って数学に親しんでほしいと思う．特にこれから育っていく子供たちにそのことを感じ取ってほしい．そのためにも，親として，また，教育者として子供たちに接する人にも，役立つ材料を提供することに心がけて取り組んできた．お役に立てば幸いである．

最後になりましたが，要所についてご指導くださいました（故）小倉金之助先生に深く感謝申し上げます．

2005年11月1日

改訂版の刊行にあたって

　この本を書くために多くの文献を読みましたが，その中の1冊である「自然にひそむ数学」（資29）の中で著者の佐藤修一氏は，「ピタゴラスの定理は，数学のさまざまな定理の中でも特に美しく力強い定理の1つです．そして，ピタゴラスの定理の証明の歴史は人類の叡智の歴史といっても過言ではありません．」と書いておられます．

　この本でもピタゴラスの考えたとされる証明，数学の基礎を築いたユークリッドの証明，天才レオナルド・ダビンチの証明，アインシュタインの証明，インドの有名な数学者バースカラの証明，日本の関孝和の証明など多くの証明法を紹介できました．この度，その改訂版を発行することになり，大変嬉しく思っております．

　この本を書いた後も，私は「ピタゴラスの定理の証明法は，なぜ多いのか」という問題について考え続けていました．その過程でさらに60ほどの証明法を得ることが出来ました．そこで，この本よりその問題に関連の深い証明法をピックアップしたものに今回新しく得た証明法を加え，新しい本を出版する運びとなりました．

　新しい本では，もう1つの謎であるプリンプトン322の問題も取り上げています．これは，古代バビロニアの遺跡から発掘された紀元前1800年頃のものと推定される粘土板に関する謎です．この粘土板に楔型の文字（数字が主体）で書かれた内容は，ノイゲバウアー

氏が15組のピタゴラス数についての記録であろうと推定し，この説が数学史上重要視されてきたのはご存知のとおりです．しかし，どのようにしてこのピタゴラス数が計算されたかについては定説がなく，数学史上の謎とされています．私は，この計算法についても考察し，古代バビロニアの60進法による計算で，15組のピタゴラス数を再現することができました．この計算法についても紹介する予定でおります．

　出版の暁にはお手に取っていただけましたら幸いに存じます．

2010年6月10日

森下　四郎

ピタゴラスの定理 100の証明法
目　次

プロローグ

ピタゴラスの定理の証明法にはどんなものがあるか

プロローグ

1. ピタゴラスの定理とは

　ジュディ・ガーランド主演で映画になった『オズの魔法使い』の中で，かかしが，わら製の自分の頭が人間なみの考える頭になった証として，「直角三角形の斜辺の2乗は，他の辺の2乗の和に等しい」とピタゴラスの定理をいう場面がある．このように，一般に親しみが持てないと思われている数学の定理の中で，比較的よく知られているのがピタゴラスの定理である．一応確認しよう．

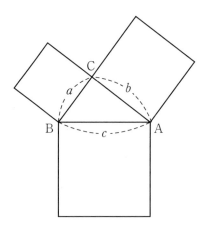

　「直角三角形の斜辺上の正方形の面積は，他の2辺上の正方形の面積の和に等しい」または「直角三角形の斜辺の長さの2乗（平方）は，他の2辺の長さの2乗（平方）の和に等しい」

　上の図で，式でいえば，$AB^2 = AC^2 + BC^2$ $(AC^2 + BC^2 = AB^2)$

　または，$c^2 = a^2 + b^2$ $(a^2 + b^2 = c^2)$

2. この本での直角三角形の書き方，記号のつけ方など

　この本では，ピタゴラスの定理についての多くの証明法について触れているが，そのそれぞれに細かい説明をつけると，読むのに煩わしくなる．そこでこの本では，そのかく方向と記号を次のように統一した．

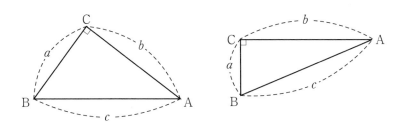

　したがって，斜辺 AB の長さは c，頂点 A の対辺 BC の長さは a，頂点 B の対辺 AC の長さは b $(b \geqq a)$ とする．

　このことにより各証明の説明が簡略化され，また，それぞれの証明の類似点や相違点がわかりやすくなったと思う．反面，多くの証明法を多くの文献から引用させていただいたが，図の描き方や記号を上記のように統一させていただいた．もし引用に誤りがあれば，著者の責任である．

　また，多くの書物や教科書に記載され広く知られている証明法以外で引用した文献を明らかにしていないものは，著者なりに考えた証明法である．その考えた年月日が明らかなものは日付を付した．ただ，ピタゴラスの定理の証明法はおびただしい数存在している．その全てを調べることは不可能である．したがって，これも出典を明らかにする方途の一つとご理解いただきたい．

3. ピタゴラスの定理の証明法はいくつあるか

　ピタゴラスの定理については，その証明法の多いことは一般にも知られているが，その数について書かれている本をいくつか紹介しよう．

　『数学閑話』大上茂喬著（1929 年文明社）（資3）

　　「19 世紀の初めには 32 種，19 世紀の終わりには 46 種，20 世紀の初め 1914 年に或人の調べた所では 96 種の異なる証明法があったということで，今日では最早 100 種を越しているかと思われる．勿論それ等多くの証明法は皆僅かづつの違いで，根本的に異っているのではない．」

　『わかる幾何学』秋山武太郎著（1943 年高岡本店）（資6）

　　「ピタゴラスの定理には百何十通りの別証があるが…」

　『ピタゴラスの定理』高見豊著（雑誌『学窓』1949 年 3 月号）
（資8）

　　「先年米国の青年がヂャーナル・マセマチックに発表したものを入れるとピタゴラスの定理の証明は 198 通になる．」

　『証明のすすめ・数学の証明』リュディガー・ティーレ著　金井省二訳（1990 年森北出版）（資15）

　　「証明の数で一番多いのはピタゴラスの定理で，360 個ぐらいある．」

　最近でも新しい証明法が考えられている．

　ピタゴラスの定理の証明法は現在でもまだまだ関心を集めている問題なのである．（なお，出典資料については，巻末の参考文献一覧を参照いただきたい．）

ピタゴラスの定理の証明法にはどんなものがあるか

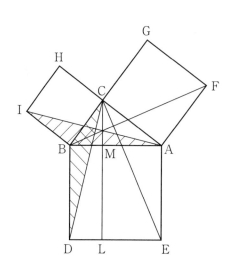

直角三角形 ABC の各辺上に図のように正方形をかく. C から BD に平行に CL をひき, AB との交点を M とする. I と A, C と D を結ぶ. また, F と B, C と E を結ぶ.

IB = CB, BA = BD, ∠IBA = 90° + ∠ABC = ∠CBD

2辺とその間の角がそれぞれ等しく △IBA ≡ △CBD

IB∥HA, BD∥CL であるから

$$\triangle IBA = \frac{1}{2}\,IB \cdot CB = \frac{1}{2}\,正方形\,BCHI$$

$$\triangle CBD = \frac{1}{2}\,BD \cdot BM = \frac{1}{2}\,長方形\,BDLM$$

したがって 正方形 BCHI = 長方形 BDLM ……(1)

同様にして 正方形 ACGF = 長方形 AELM ……(2)

(1)と(2)より 正方形 BCHI + 正方形 ACGF

    = 長方形 BDLM + 長方形 AELM

したがって 正方形 BCHI + 正方形 ACGF = 正方形 ABDE

この証明法は，最も有名な証明法といっていい証明法である．

紀元前300年ごろギリシャのユークリッドによって書かれた幾何学の本『原論』において使われた証明法である．この後『原論』は世界中で訳されて読まれ，この証明法は世界中に広まった．

『原論』は，13巻からなっているが，最初の6巻がいわゆる初等平面幾何学で，ピタゴラスの定理は，第1巻の最後に命題47・48として登場する（資28）．

ユークリッドは，定義，公準および公理を基に，定理と問題をすでに確証された定理などから順序だて綿密に証明していく．『原論』でピタゴラスの定理の証明に出会った哲学者トマス・ホッブス（1588～1679年）の様子をホッブスの友人ジョン・オーブリが次のように述べているという．「彼はその証明を読んだが，つまりはある命題に戻ることになり，その命題も読んだ．するとそこからまた他の命題へと戻り，それも読んだ．同様にして次々と読み，彼は結局その真理を論証によって確信した．これ以降，彼は幾何学を愛するようになったのだ」と．

また，ピタゴラスの定理の証明では，それまでの46の命題のうち24も用いているという．（資18）

この証明法は「直角三角形の直角の1辺上の正方形は，その辺の斜辺上への正射影と斜辺とを2辺とする長方形と同じ面積をもつ」ということ（左の頁の(1)と(2)．「ユークリッドの定理」ともいわれている．）も証明している．

その証明の過程も理路整然とした代表的な証明法の一つである．

なお，△IBA および △CBD の斜線は，わかりやすくするために付けたもの．他の証明法についても同じ．

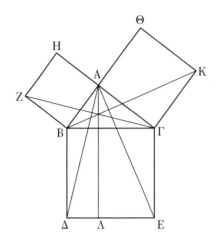

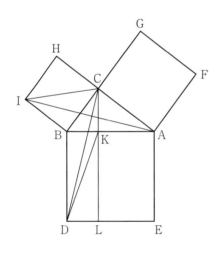

初めてギリシャ原文の『原論』が印刷本として刊行されたのは1533年でグリュナエウス版と呼ばれている．ギリシャ語原典（ハイベルク版）から日本語に訳された『原論』が出版されているが，その日本語版では，左のような図が掲載されている（資28）．

ところが，この証明法が，多くの中学生を悩ませているようである（資29）．そのためか教科書や参考書では，他の証明法がとりあげられてもいる．

また，ユークリッドの証明法については，左の図のように補助線を加え，△IBA から正方形BCHIへ直接いくのではなく，

$$\triangle \text{IBA} = \triangle \text{IBC}$$
$$= \frac{1}{2}\, 正方形 \text{BCHI}$$

としているのは，理解しやすくする工夫と考えられる．

No. 2 ユークリッド的証明法 ②

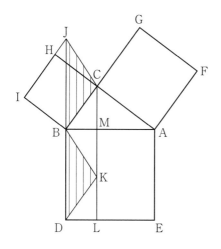

Cから DE に垂線 CL を下ろし，AB との交点を M とする．BD の延長と HI の延長との交点を J とし，J と C を結ぶ．D より BC に平行に直線をひき，CL との交点を K とし，B と K を結ぶ．

∠JBI = 90° − ∠JBC = ∠ABC，∠BIJ = ∠BCA = 90°，BI = BC であるから，1辺とその両端の角がそれぞれ等しく

△JBI ≡ △ABC　したがって　JB = AB = BD

四角形 BCKD は2組の対辺が平行で平行四辺形であり　BC = DK

∠JBC と∠BDK は，平行線 BC と DK の同位角にあたり等しい

2辺とその間の角がそれぞれ等しく　△JBC ≡ △BDK

BC∥IJ，BD∥CL であるから

$$△JBC = \frac{1}{2} BC \cdot HC = \frac{1}{2} \text{正方形 BCHI}$$

また，　$△BDK = \frac{1}{2} BD \cdot BM = \frac{1}{2} \text{長方形 BDLM}$

したがって　正方形 BCHI = 長方形 BDLM　……(1)

同様にして　正方形 ACGF = 長方形 AELM　……(2)

(1)と(2)より　正方形 BCHI + 正方形 ACGF = 正方形 ABDE

（1959. 7：1959年7月にまとめた手書きの『ピタゴラスの定理の証明法』の中にある．それまでに私の考えた証明法については 1959. 7 とした．）

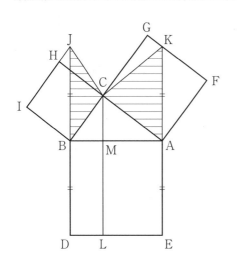

BDの延長線とHIの延長線との交点をJとする．CからDEに垂線CLを下ろし，ABとの交点をMとする．JとCを結ぶ．AEの延長線とGFの交点をKとする．KとCを結ぶ．

$\angle\mathrm{JBI} = 90° - \angle\mathrm{JBC} = \angle\mathrm{ABC}$, $\angle\mathrm{BIJ} = \angle\mathrm{BCA} = 90°$

$\mathrm{BI} = \mathrm{BC}$　したがって　$\triangle\mathrm{JBI} \equiv \triangle\mathrm{ABC}$　よって

$\mathrm{JB} = \mathrm{AB} = \mathrm{BD}$，また，$\mathrm{BC} \parallel \mathrm{IJ}$，$\mathrm{JD} \parallel \mathrm{CL}$であるから

$$\triangle\mathrm{BCJ} = \frac{1}{2}\mathrm{BC}\cdot\mathrm{HC} = \frac{1}{2}\text{正方形}\mathrm{BCHI}$$

また，　$\triangle\mathrm{BCJ} = \dfrac{1}{2}\mathrm{BM}\cdot\mathrm{JB} = \dfrac{1}{2}\mathrm{BM}\cdot\mathrm{BD}$

$$= \frac{1}{2}\text{長方形}\mathrm{BDLM}$$

したがって　正方形BCHI = 長方形BDLM　　……(1)

同様にして　正方形ACGF = 長方形AELM　　……(2)

(1)と(2)より　正方形BCHI + 正方形ACGF = 正方形ABDE

(1959. 7)

　No.1①とNo.2②が１組の正方形と長方形の面積が等しいことを証明するのに，合同な２つの三角形を使ったが，これは１つの三角形ですませる証明法である．以下この種の証明法を紹介する．

No. **4** ユークリッド的証明法 ④

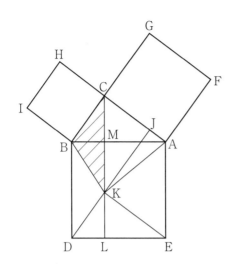

Dから BC に平行に線を
ひき，AC との交点を J と
する．C から DE に垂線
CL を下ろし，AB との交
点を M，DJ との交点を K
とする．K と B，K と A，
K と E を結ぶ．

BC∥DK，BD∥CK であり四角形 BCKD は平行四辺形である．

よって　KC = DB = AB，∠KCJ = 90° − ∠CAB = ∠ABC

共に直角三角形で斜辺と 1 つの鋭角が等しく　△KCJ ≡ △ABC

したがって　CJ = BC = CH，CK = AB = BD

また，BC∥DJ，BD∥CL であるから

$$\triangle BCK = \frac{1}{2} BC \cdot CJ = \frac{1}{2} BC \cdot CH = \frac{1}{2} \text{正方形 BCHI}$$

$$\triangle BCK = \frac{1}{2} CK \cdot BM = \frac{1}{2} BD \cdot BM = \frac{1}{2} \text{長方形 BDLM}$$

したがって　正方形 BCHI = 長方形 BDLM　　……(1)

同様にして　正方形 ACGF = 長方形 AELM　　……(2)

(1)と(2)より　正方形 BCHI + 正方形 ACGF = 正方形 ABDE

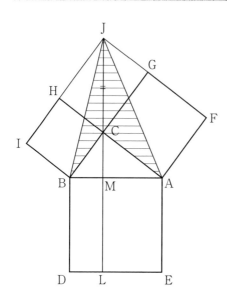

CからDEに垂線CLを下ろし，ABとの交点をMとする．HIの延長と，FGの延長との交点をJとする．JとC，JとB，JとAを結ぶ．

HC = BC，∠CHJ = ∠BCA = 90°，HJ = GC = AC

したがって　△JCH ≡ △ABC　よって　JC = AB = BD

また，CH ⊥ BC，HJ ⊥ CA であり，他の1辺についても

JC ⊥ AB となり　J，C，M，L は一直線上にある．

また，BD ∥ JL，BC ∥ IJ であるから

$$\triangle BCJ = \frac{1}{2}JC \cdot BM = \frac{1}{2}BD \cdot BM = \frac{1}{2}長方形BDLM$$

また　　$\triangle BCJ = \frac{1}{2}BC \cdot CH = \frac{1}{2}正方形BCHI$

したがって　正方形BCHI = 長方形BDLM　……(1)

同様にして　正方形ACGF = 長方形AELM　……(2)

(1)と(2)より　正方形BCHI + 正方形ACGF = 正方形ABDE

(1959. 7)

No. 6 ユークリッド的証明法 ⑥

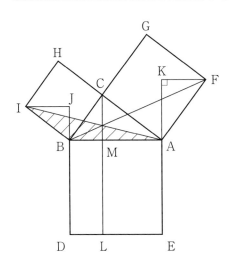

I から AB に平行な線を
ひき，BD の延長線との交
点を J とする．C から DE
に垂線 CL を下ろし，AB
との交点を M とする．I と
A を結ぶ．F から AB に平
行に線をひき，AE の延長
線との交点を K とする．B
と F を結ぶ．

BI = BC, ∠IBJ = 90° − ∠JBC = ∠CBM

JI ⊥ MC, IB ⊥ CB, したがって ∠JIB = ∠MCB

よって △IBJ ≡ △CBM したがって BJ = BM

また，IB∥HA, IJ∥AB であるから

$$\triangle IBA = \frac{1}{2} IB \cdot BC = \frac{1}{2} 正方形 BCHI \quad \cdots\cdots(1)$$

$$\triangle IBA = \frac{1}{2} AB \cdot BJ = \frac{1}{2} BD \cdot BM$$

$$= \frac{1}{2} 長方形 BDLM \quad \cdots\cdots(2)$$

(1)と(2)より 正方形 BCHI = 長方形 BDLM $\quad \cdots\cdots(3)$

同様にして 正方形 ACGF = 長方形 AELM $\quad \cdots\cdots(4)$

(3)と(4)より 正方形 BCHI + 正方形 ACGF = 正方形 ABDE

(1959. 7)

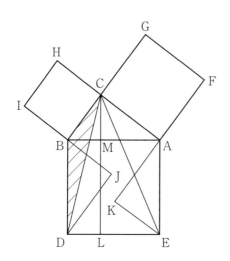

CよりDEに垂線CLを下ろし，ABとの交点をMとする．BIの延長線に，Dより垂線DJを下ろす．CとDを結ぶ．AFの延長線に，Eより垂線EKを下ろす．CとEを結ぶ．

DB = AB，∠DBJ = 90°− ∠ JBA = ∠ABC

共に直角三角形で，斜辺と1つの鋭角が等しく　△DBJ ≡ △ABC

よって　BJ = BC = BI，また，BC ∥ DJ，BD ∥ CL であるから

$$△DBC = \frac{1}{2}BC \cdot BJ = \frac{1}{2}BC \cdot BI = \frac{1}{2}正方形BCHI$$

また，$△DBC = \frac{1}{2}BD \cdot BM = \frac{1}{2}長方形BDLM$

したがって　正方形BCHI = 長方形BDLM　　……(1)

同様にして　正方形ACGF = 長方形AELM　　……(2)

(1)と(2)より　正方形BCHI + 正方形ACGF = 正方形ABDE

（1959. 7）

No. **8** ユークリッド的証明法 ⑧

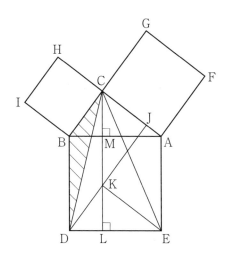

　CよりDEに垂線CLを下ろし，ABとの交点をMとする．DよりBCに平行線をひき，ACとの交点をJ，CLとの交点をKとする．CとDを結ぶ．KとE，CとEを結ぶ．

BC∥DK，BD∥CKであり四角形BCKDは平行四辺形である．

よって　KC = DB = AB，∠KCJ = 90°－∠CAB = ∠ABC

共に直角三角形で斜辺と1つの鋭角が等しく　△KCJ ≡ △ABC

よって　CJ = BC = HC，また，BC∥DJ，BD∥CLであり

$$△DBC = \frac{1}{2}BC \cdot CJ = \frac{1}{2}BC \cdot HC = \frac{1}{2}\text{正方形BCHI}$$

また，$△DBC = \frac{1}{2}DB \cdot BM = \frac{1}{2}$長方形BDLM

したがって　正方形BCHI = 長方形BDLM　……(1)

同様にして　正方形ACGF = 長方形AELM　……(2)

(1)と(2)より　正方形BCHI + 正方形ACGF = 正方形ABDE

(1959. 7)

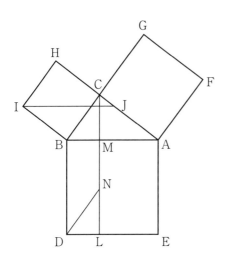

Cから DE に垂線 CL を下ろし，AB との交点を M とする．I から AB に平行線 IJ をひく．D から BC に平行線をひき，CL との交点を N とする．

四角形 ABIJ と四角形 DBCN は，2組の対辺がそれぞれ平行で共に平行四辺形である．

BI = BC，AB = BD，∠ABI = 90° + ∠ABC = ∠DBC

隣接する2辺とその間の角がそれぞれ等しく

　　　平行四辺形 ABIJ ≡ 平行四辺形 DBCN

　　　平行四辺形 ABIJ = BI・BC = 正方形 BCHI　　……(1)

　　　平行四辺形 DBCN = DB・BM = 長方形 BDLM　……(2)

(1)と(2)より　　正方形 BCHI = 長方形 BDLM　　……(3)

同様にして　　正方形 ACGF = 長方形 AELM　　……(4)

(3)と(4)より　　正方形 BCHI + 正方形 ACGF = 正方形 ABDE

（資5，資9，資33，資35）

No.8 ⑧までは，正方形と長方形の面積の等しいことを証明する仲立ちに三角形を使ったが，平行四辺形を使っても証明できる．

平行四辺形の合同の条件はいろいろあるが，ここで使ったのは「隣接する2辺とその間の角がそれぞれ等しい」というものである．この条件は三角形の合同の条件にも似て理解しやすい．

ここで紹介したのは，ユークリッドの『原論』の証明法の三角形を平行四辺形にしたものである．

代表的証明法の一つとして多くの書物に引用されている．

次にNo.10 ⑩として紹介するのは，No.9 ⑨が1組の正方形と長方形の面積が等しいことを証明するのに2つの平行四辺形を使っているのに対して1つの平行四辺形で間に合わせている証明法である．これは，No.11 ⑪〜No.13 ⑬にも共通する．

ここで，もう1点補足

正方形BCHI ＝ 長方形BDLM を証明した後で「同様にして」として同じ様な経過を省略して正方形ACGF ＝ 長方形AELM としていることが多い．

実は，ユークリッドも「原論」で「同様にして」（訳なので元の原論でどの様な言い方になっているのかわからないが）を使っているようである．（資28）

なお，直角をはさむ2辺については，一方でいえることは，他方でもいえるという関係があるようである．

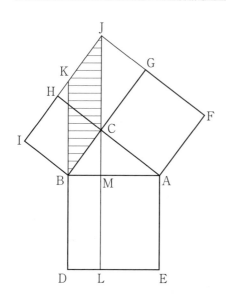

IHの延長線とFGの延長線の交点をJとする. JとCを結び, JCの延長線とABの交点をM, EDとの交点をLとする. DBの延長線とIJとの交点をKとする.

CH = BC, ∠CHJ = ∠BCA = 90°, HJ = CG = CA

したがって △JCH ≡ △ABC よって JC = AB = BD

また, CH ⊥ BC, HJ ⊥ CA であり, JC ⊥ AB である.

したがって, JL ⊥ DE, JL∥KD となる.

JC∥KB, BC∥JK であり, 四角形BCJK は平行四辺形である

よって 平行四辺形BCJK = BC・CH = 正方形BCHI ……(1)

また 平行四辺形BCJK = JC・BM = BD・BM = 長方形BDLM
……(2)

(1)と(2)より 正方形BCHI = 長方形BDLM ……(3)

同様にして 正方形ACGF = 長方形AELM ……(4)

(3)と(4)より 正方形BCHI + 正方形ACGF = 正方形ABDE

(資33, 資35)

No. **11** ユークリッド的証明法 ⑪

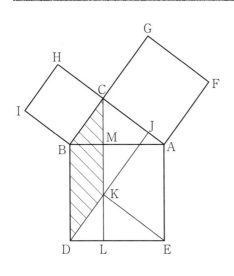

C より DE に垂線 CL を下ろし，AB との交点を M とする．D より BC に平行に線をひき，CL との交点を K，AC との交点を J とする．K と E を結ぶ．

四角形 BCKD は，2 組の対辺がそれぞれ平行で平行四辺形である．

よって　KC = BD = AB, ∠KCJ = 90° − ∠CAB = ∠ABC

共に直角三角形で斜辺と 1 つの鋭角が等しく　△KCJ ≡ △ABC

したがって　CJ = BC = HC，また，BC∥DJ であるから

平行四辺形 BCKD = BC・CJ = BC・HC = 正方形 BCHI　……(1)

また，平行四辺形 BCKD = BD・BM = 長方形 BDLM　……(2)

(1)と(2)より　正方形 BCHI = 長方形 BDLM　……(3)

同様にして　正方形 ACGF = 長方形 AELM　……(4)

(3)と(4)より　正方形 BCHI + 正方形 ACGF

　　　　　= 長方形 BDLM + 長方形 AELM

したがって　正方形 BCHI + 正方形 ACGF = 正方形 ABDE

（資5）

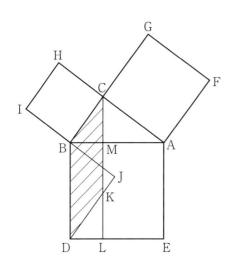

Ｃより DE に垂線 CL を下ろし，AB との交点を M とする．Ｄから BC に平行にひいた直線と，IB の延長線との交点を J とする．DJ と CL との交点を K とする．

$\angle$DBJ = 90° − $\angle$JBA = $\angle$ABC，DB = AB

共に直角三角形で，斜辺と１つの鋭角が等しく　△DBJ ≡ △ABC

よって，BJ = BC = BI

BC ∥ DJ，BD ∥ CL であり，四角形 BCKD は平行四辺形である．

平行四辺形 BCKD = BC・BJ = BC・BI

= 正方形 BCHI　　……(1)

また，平行四辺形 BCKD = BD・BM = 長方形 BDLM　……(2)

(1)と(2)より　正方形 BCHI = 長方形 BDLM　……(3)

同様にして　正方形 ACGF = 長方形 AELM　……(4)

(3)と(4)より　正方形 BCHI + 正方形 ACGF = 正方形 ABDE

（資9，資33）

No. *13* ユークリッド的証明法 ⑬

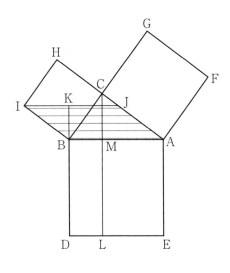

CよりDEに垂線CLを下ろし，ABとの交点をMとする．IよりABに平行にIJをひき，BDの延長線との交点をKとする．

IJ∥BA，IB∥JAであり，四角形ABIJは平行四辺形である．

平行四辺形ABIJ = BI・BC = 正方形BCHI ……(1)

BI = BC，∠IBK = 90° − ∠KBC = ∠CBM

共に直角三角形で斜辺と1つの鋭角が等しく △IBK ≡ △CBM

よって BK = BM，また，KD∥CLであるから

平行四辺形ABIJ = AB・BK = BD・BM

$\qquad\qquad\qquad$ = 長方形BDLM ……(2)

(1)と(2)より 正方形BCHI = 長方形BDLM ……(3)

同様にして 正方形ACGF = 長方形AELM ……(4)

(3)と(4)より 正方形BCHI + 正方形ACGF = 正方形ABDE

$\qquad\qquad\qquad\qquad\qquad\qquad$ (1959. 7)

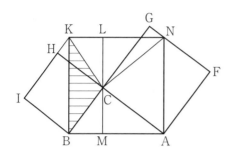

直角三角形 ABC の BC, AC をそれぞれ 1 辺とする正方形を図のようにかく. C より AB に垂線 CM を下ろす. B と A から AB に直角に直線をひき, IH の延長との交点を K, FG との交点を N とする. K と N, C と K, C と N を結ぶ. KN と MC の延長との交点を L とする.

∠KBI = 90° − ∠KBC = ∠ABC, BI = BC

∠BIK = ∠BCA = 90°

したがって △KBI ≡ △ABC よって BK = AB

同様にして △ANF ≡ △ABC よって AN = AB

∠KBA = ∠BAN = 90° であり四角形 ABKN は, AB を 1 辺とする正方形である. BC ∥ IK, KB ∥ LM であるから

$$△KBC = \frac{1}{2}BC \cdot HC = \frac{1}{2}\text{正方形 BCHI}$$

また, $△KBC = \frac{1}{2}BK \cdot BM = \frac{1}{2}$ 長方形 BKLM

したがって 正方形 BCHI = 長方形 BKLM ……(1)

同様にして 正方形 ACGF = 長方形 ANLM ……(2)

(1)と(2)より 正方形 BCHI + 正方形 ACGF

= 長方形 BKLM + 長方形 ANLM

したがって 正方形 BCHI + 正方形 ACGF = 正方形 ABKN

No. 15 ユークリッド的証明法 ⑮

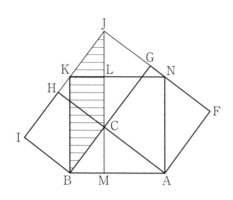

BC と AC をそれぞれ 1 辺とする正方形を図のようにかく. IH の延長線と, FG の延長線の交点を J とする. J と C を結び, その延長線と AB の交点を M とする. A と B より, AB に直角に線をひき, JF との交点を N, JI との交点を K とする. N と K を結び, JM との交点を L とする.

∠KBI = 90° − ∠KBC = ∠ABC, ∠BIK = ∠BCA = 90°

BI = BC　したがって　△KBI ≡ △ABC　よって　BK = AB

同様にして, △ANF ≡ △ABC　よって　AN = AB

したがって, 四角形 ABKN は, AB を 1 辺とする正方形である.

KJ = JI − KI = GB − AC = GB − GC = BC　したがって

KJ = BC, KJ∥BC であり, 四角形 BCJK は平行四辺形である.

よって　KB∥JC であり, JM⊥AB である.

平行四辺形 BCJK = BC・CH = 正方形 BCHI　　……(1)

また,　平行四辺形 BCJK = BK・BM = 長方形 BKLM　　……(2)

(1)と(2)より　正方形 BCHI = 長方形 BKLM　　……(3)

同様にして　正方形 ACGF = 長方形 ANLM　　……(4)

(3)と(4)より　正方形 BCHI + 正方形 ACGF = 正方形 ABKN

（資 9, 資 33）

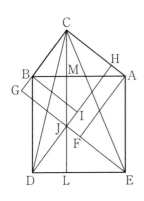

ABを1辺とする正方形を図のようにかく．DよりACに垂線DHを下ろす．BよりDHに垂線BIを下ろす．EよりCBの延長線に垂線EGを下ろす．AよりEGに垂線AFを下ろす．DHとEGの交点をJとする．CとJを結び，その延長とDEの交点をLとし，ABとの交点をMとする．CとD，CとEを結ぶ．

ED∥AB，DJ∥BC　よって　∠EDJ = ∠ABC，ED = AB

JE∥CA，ED∥AB　よって　∠JED = ∠CAB

したがって　△EDJ ≡ △ABC

よって　DJ = BC，DJ∥BCで四角形BCJDは平行四辺形である．

したがって　CJ∥BDであり，CL⊥DEである．

また，CJ = BD = AB，∠JCH = 90° − ∠CAB = ∠ABC

共に直角三角形で，斜辺と1つの鋭角が等しく　△JCH ≡ △ABC

したがってCH = BC，かつ，四隅の角が直角で四角形BCHIはBCを1辺とする正方形である．BC∥DH，BD∥CLであるから

$$△CBD = \frac{1}{2} BC \cdot BI = \frac{1}{2} 正方形BCHI \quad \cdots\cdots(1)$$

また，　$△CBD = \frac{1}{2} BD \cdot BM = \frac{1}{2} 長方形BDLM$　……(2)

(1)と(2)より　正方形BCHI = 長方形BDLM　……(3)

同様にして　正方形ACGF = 長方形AELM　……(4)

(3)と(4)より　正方形BCHI + 正方形ACGF = 正方形ABDE

(1959. 7)

No.17 ユークリッド的証明法 ⑰

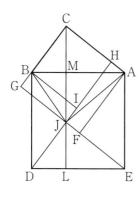

BC および CA をそれぞれ 1 辺として正方形を図の様にかく．B より AB に直角に直線をひき，HI の延長線との交点を D とする．A より AB に直角に直線をひき，GF の延長線との交点を E とする．D と E を結ぶ．HD と GE の交点を J とする．C と J を結び，その延長と DE の交点を L とし，AB との交点を M とする．B と J，A と J を結ぶ．

∠DBI = 90° − ∠ABI = ∠ABC，∠BID = 90° = ∠BCA

BI = BC　したがって　△DBI ≡ △ABC　よって　DB = AB

同様にして　△AEF ≡ △ABC　したがって　AE = AB

また，∠DBA = ∠BAE = 90° であるから四角形 ABDE は AB を 1 辺とする正方形である．

ED = AB，ED ∥ AB，DJ ∥ BC　よって　∠EDJ = ∠ABC

共に直角三角形で斜辺と 1 鋭角が等しく　△EDJ ≡ △ABC

したがって，DJ = BC　かつ　DJ ∥ BC であるから四角形 BCJD は平行四辺形である．よって BD ∥ CL，となり DE ⊥ CL

また，　CJ = BD

よって　$\triangle BCJ = \frac{1}{2} BC \cdot BI = \frac{1}{2}$ 正方形 BCHI　……(1)

また，$\triangle BCJ = \frac{1}{2} CJ \cdot BM = \frac{1}{2} BD \cdot BM = \frac{1}{2}$ 長方形 BDLM　……(2)

(1)と(2)より　正方形 BCHI = 長方形 BDLM　　　　……(3)

同様にして　正方形 ACGF = 長方形 AELM　　　　……(4)

(3)と(4)より　正方形 BCHI + 正方形 ACGF = 正方形 ABDE

(1959.7)

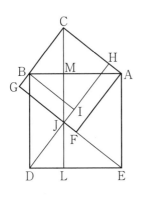

AB を 1 辺とする正方形を図のようにかく．D より AC に垂線 DH を下ろす．B より DH に垂線 BI を下ろす．E より CB の延長線に垂線 EG を下ろす．A より EG に垂線 AF を下ろす．DH と EG の交点を J とする．C と J を結び，その延長と DE の交点を L，AB との交点を M とする．

JE∥CA，ED∥AB　よって　∠JED = ∠CAB，ED = AB

ED∥AB，DJ∥BC　よって　∠EDJ = ∠ABC　したがって

△EDJ ≡ △ABC　よって　DJ = BC　かつ　DJ∥BC　であるから

四角形 BCJD は平行四辺形であり，BD∥CJ，CL⊥DE である．

また，CJ = BD = AB，∠JCH = 90° − ∠CAB = ∠ABC

共に直角三角形で斜辺と 1 つの鋭角が等しく　△JCH ≡ △ABC

したがって，CH = BC，かつ，4 隅の角が直角で四角形 BCHI は BC を 1 辺とする正方形である．BC∥DH，BD∥CL であるから

$$\text{平行四辺形 BCJD} = BC \cdot CH = \text{正方形 BCHI} \qquad \cdots\cdots(1)$$

また　　平行四辺形 BCJD = BD・BM = 長方形 BDLM　　……(2)

(1)と(2)より　正方形 BCHI = 長方形 BDLM　　……(3)

同様にして　正方形 ACGF = 長方形 AELM　　……(4)

(3)と(4)より　正方形 BCHI + 正方形 ACGF = 正方形 ABDE

(1959. 7)

No. **19** ユークリッド的証明法 ⑲

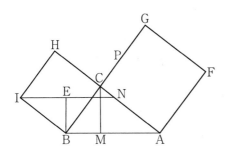

直角三角形 ABC の BC と AC をそれぞれ 1 辺とする正方形を図のようにかく. C から AB に垂線 CM を下ろす. I から AB に平行に IN をひき, B から IN に垂線 BE を下ろす.

BI ∥ AN, AB ∥ NI であり四角形 ABIN は平行四辺形である.

IB = BC, ∠IBE = 90° − ∠EBC = ∠CBM

共に直角三角形で斜辺と 1 つの鋭角が等しく △IBE ≡ △CBM

よって BE = BM, また, BI ∥ AH, AB ∥ NI

したがって BC^2 = 正方形 BCHI

= 平行四辺形 ABIN

= AB · BE

= AB · BM ······(1)

同様にして AC^2 = AB · MA ······(2)

(1)と(2)より $BC^2 + AC^2$ = AB · BM + AB · MA

= AB(BM + MA)

= AB^2

これは, O. Werner の証明法であるという. (資 14)

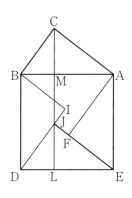

　　直角三角形 ABC の AB を 1 辺とし
て正方形を図のようにかく．C から
DE に垂線 CL を下ろし，AB との交
点を M とする．D から BC に平行に
ひいた線と B から AC に平行にひいた
線との交点を I とする．DI と CL との
交点を J とする．J と E を結ぶ．A か
ら JE に垂線 AF を下ろす．

BC∥DJ，CJ∥BD であり四角形 BCJD は，平行四辺形である．
よって　CJ = BD = AE，CJ∥AE　であるから四角形 ACJE も平
行四辺形である．
BC∥DJ，CA∥JE　したがって　∠BCA = ∠DJE = 90°
AE = ED，∠AEF = 90° − ∠JED = ∠EDJ
共に直角三角形で斜辺と 1 つの鋭角が等しく　△AEF ≡ △EDJ
よって　AF = EJ = AC
したがって　AC^2 = 平行四辺形 ACJE = 長方形 AELM　　……(1)
同様にして　BC^2 = 平行四辺形 BCJD = 長方形 BDLM　　……(2)
(1)と(2)より　$AC^2 + BC^2$ = 長方形 AELM + 長方形 BDLM
　　　　　　　　　　= 正方形 ABDE
　　　　　　　　　　= AB^2

　これは，Fabre の証明法であるという．（資 14）

　資25（巻末参照）の『初等幾何のたのしみ』を書かれた清宮俊雄東京学芸大学名誉教授は，その中で「（筆者が）ピタゴラスの定理を学んだのは，たぶん（中学）3年の2学期ではないかと思うが，そのとき先生は，ピタゴラスの定理はいろいろな方法で解けるから，君達も考えて見てはどうかと言われた．生徒達はそれぞれいろいろ工夫して，できたものはその解を先生に提出した．このような解がたくさん廊下に張り出された．数は覚えていないが，私もたくさん出したようである．（中略）4年生になって，幾何の先生が，夏休みの宿題を渡す時に，宿題と一緒に定理の別証明とか，自分で研究したことがあれば，それも一緒にだすようにと言われた．そこで宿題と一緒に夏休み中に考えたこと，作った問題などを提出した．現存するノートを見ると（中略）ピタゴラスの定理の証明が10通りのっている．」と書かれその中にこの本でNo.55で取り上げた証明も含まれているという，「だれでも思い付きそうな簡単な証明なので，いろいろな人によって何度も発見されていると思われる．」と書かれている．その他，証明法としてはNo.21，No.24，No.90等を引用させていただいた．長い引用となったが，数学教育についての深い示唆を与えられていると思い載せさせていただいた．

　私自身も中学校でユークリッドの証明法を習ったが，別の証明法を思い付き，数学担当の先生に取り上げていただいた経験がある．

　数学は，先人の優れた独創性，積み重ねられた論理性，そして研究成果による膨大な蓄積がある．基本を習得することは勿論重要だが記憶するだけでは面白くない．ピタゴラスの定理の証明については，間口は広く奥が深く，その気になって取り組めば，自分なりの方法を見出す楽しみがある．教育にも生かしてほしいと思う．

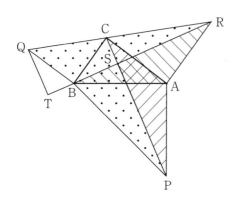

直角三角形 ABC の各辺を1辺として直角二等辺三角形を図のようにかく．C と P，B と R を結び，その交点を S とする．RB の延長線に Q から垂線 QT を下ろす．

AR = AC，∠RAB = ∠CAB + 90° = ∠CAP，AB = AP

2辺とその間の角がそれぞれ等しく

$$\triangle BAR \equiv \triangle CAP \quad \cdots\cdots(1)$$

したがって　BR = CP，また，△BAR と △CAP とは，90° 回転した関係にあり，∠BSC = 90°

△QBT と △BCS は共に直角三角形である．

QB = BC

∠TQB = 90° − ∠TBQ = 180° − 90° − ∠TBQ = ∠SBC

斜辺と1鋭角が等しく　△QBT ≡ △BCS　よって　QT = BS

△BRQ と △CPB は，底辺（BR と CP）も高さ（QT と BS）も等しく

$$\triangle BRQ = \triangle CPB \quad \cdots\cdots(2)$$

△BAR ≡ △CAP

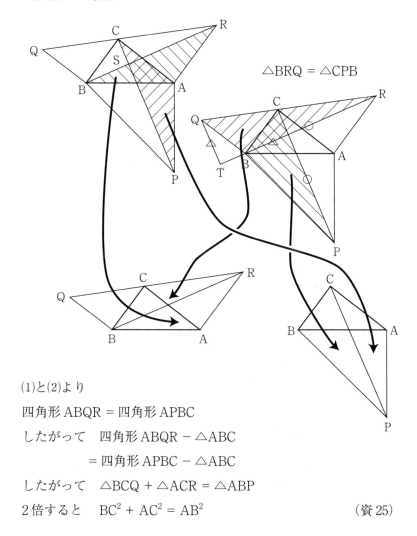

△BRQ = △CPB

(1)と(2)より

四角形 ABQR = 四角形 APBC

したがって　四角形 ABQR − △ABC

　　　　　= 四角形 APBC − △ABC

したがって　△BCQ + △ACR = △ABP

2倍すると　BC^2 + AC^2 = AB^2

(資25)

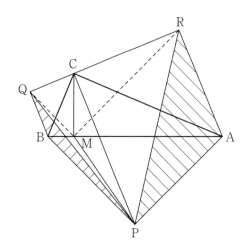

直角三角形ABCの各辺を1辺として直角二等辺三角形を図のようにかく．CよりABに垂線CMを下ろす．MとP，Q，Rを直線で結ぶ．また，PとQ，C，Rを直線で結ぶ．

∠BCA = 90°，∠BPA = 90° であり，A, C, B, P は同一円周上にある．

したがって　∠BAP = ∠BCP = 45°，　また，∠CBQ = 45°

よって　QB∥CP であるから

$$\triangle BQC = \triangle BQP \quad \cdots\cdots(1)$$

∠BMC = 90°，∠BQC = 90° であり，B, M, C, Q は同一円周上にある．

したがって　∠QMB = ∠QCB = 45°　また，∠MBP = 45°

よって　QM∥BP であるから

$$\triangle BQP = \triangle BPM \quad \cdots\cdots(2)$$

（QB∥CP）

△BQC ＝ △BQP

（QM∥BP）

△BQP ＝ △BPM

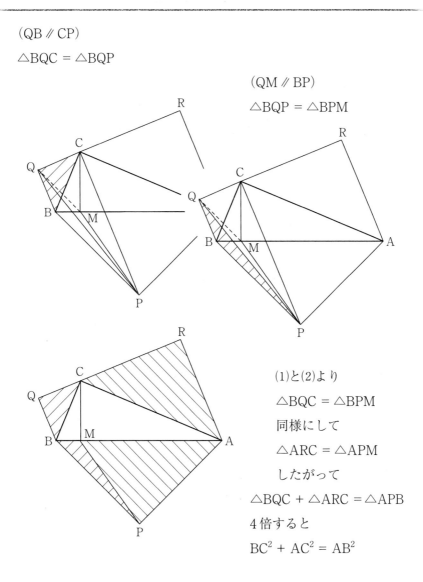

(1)と(2)より

　△BQC ＝ △BPM

　同様にして

　△ARC ＝ △APM

　したがって

△BQC ＋ △ARC ＝ △APB

4倍すると

$BC^2 + AC^2 = AB^2$

これは，M. Piton, Bressant の証明法であるという．（資14）

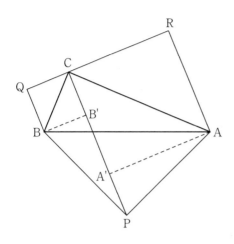

直角三角形ABCの各辺上に図のように直角二等辺三角形をかく．CとPを直線で結ぶ．BとAよりCPに垂線BB'，AA'を下ろす．

$\angle BCA = 90°$，$\angle APB = 90°$　でありA，C，B，Pは同一円周上にある．

したがって，$\angle BAP = \angle BCP = 45°$　であり　$\angle CBQ = 45°$

よって　QB∥CP

また　　$\angle ABP = \angle ACP = 45°$　であり　$\angle CAR = 45°$

よって　RA∥CP

$AP = BP$，$\angle PB'B = \angle AA'P = 90°$

$AP \perp BP$　かつ　$A'P \perp BB'$　であるから　$\angle APA' = \angle PBB'$

したがって　$\triangle APA' \equiv \triangle PBB'$

よって　$CP = CB' + PB' = BB' + AA'$

$\qquad = QC + CR = QR$

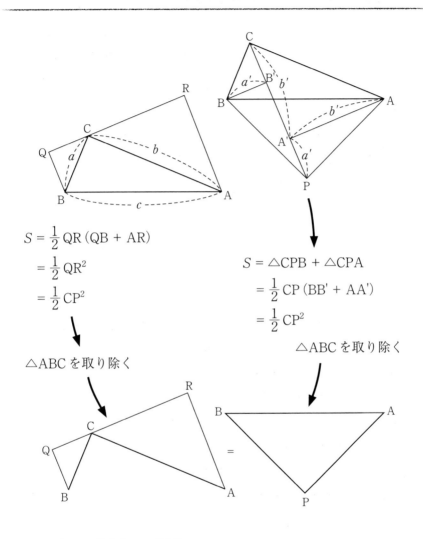

$$S = \frac{1}{2} QR (QB + AR)$$

$$= \frac{1}{2} QR^2$$

$$= \frac{1}{2} CP^2$$

$$S = \triangle CPB + \triangle CPA$$

$$= \frac{1}{2} CP (BB' + AA')$$

$$= \frac{1}{2} CP^2$$

△ABC を取り除く

△ABC を取り除く

△QBC + △RAC = △PAB

4倍すると　BC^2 + AC^2 = AB^2

　　M. Piton, Bressant の証明法といわれている．（資14）

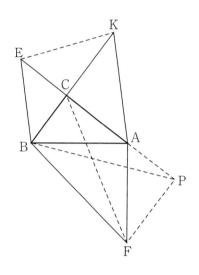

直角三角形ABCの各辺を1辺として直角二等辺三角形を図のようにかく．AFを斜辺として△ABCと合同な△FAPをかく．EとK，CとF，BとPを結ぶ．

△FAP ≡ △ABC　したがって　AP = BC，PF = AC　である．

四角形ABEKは，△BKAと△BKEに分けられる．また，

四角形BCPFは，△CPFと△BCFに分けられる．

BK = BC + AC = PA + AC = PC，AC = PF　であるから

△BKAと△CPFは，底辺と高さが等しく

$$△BKA = △CPF \quad \cdots\cdots(1)$$

また，BK = PC，CE = BC　であるから

△BKEと△BCFは，底辺と高さが等しく

$$△BKE = △BCF \quad \cdots\cdots(2)$$

共に底辺 $(a + b)$，高さ a

$\triangle$BKE $= \triangle$BCF

共に底辺 $(a + b)$，高さ b

$\triangle$BKA $= \triangle$CPF

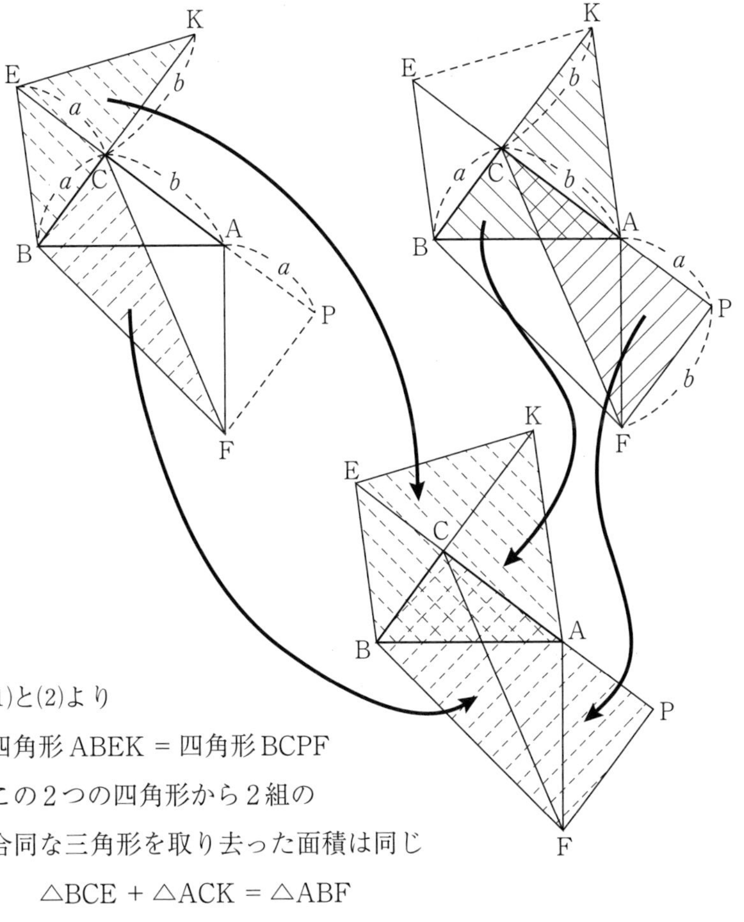

(1)と(2)より

四角形 ABEK $=$ 四角形 BCPF

この2つの四角形から2組の

合同な三角形を取り去った面積は同じ

$\quad\triangle$BCE $+ \triangle$ACK $= \triangle$ABF

2倍の正方形にしてもこの関係は成り立つ

$\quad$BC^2 $+$ AC^2 $=$ AB^2 $\qquad$（資25）

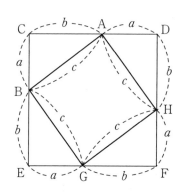

　直角三角形 ABC の斜辺を
1 辺とする正方形を図のよう
にかく．その正方形の AB 以
外の 3 辺上に△ ABC と合同
な三角形を図のようにかく．

四角形 CDFE は，1 辺の長さが $a + b$ の正方形となる．

したがって，面積 S は

$$S = (a + b)^2$$
$$= a^2 + 2ab + b^2$$

内側の正方形は 1 辺が c であるから，その面積 S_1 は

$$S_1 = c^2$$

外側の正方形と内側の正方形の間の 4 つの三角形の面積 S_2 は

$$S_2 = \frac{1}{2}ab \times 4 = 2ab$$

$S = S_1 + S_2$ であるから

$$a^2 + 2ab + b^2 = c^2 + 2ab$$

整理すると　$a^2 + b^2 = c^2$

　この証明法も古くからよく知られている証明法である．

No. **26** 面積計算法 ②

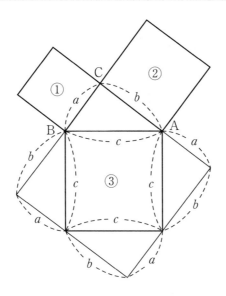

$$③ = c^2 = (a + b)^2 - \frac{1}{2}(a + b) \times 4$$

$$= a^2 + 2ab + b^2 - 2ab$$

$$= a^2 + b^2$$

したがって $c^2 = a^2 + b^2$

$$③ = ① + ②$$ （資11）

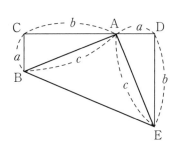

図のように，直角三角形の1辺 AC の延長上に AD = BC となるような点 D をとり，AD ⊥ DE で DE = AC となるような点 E をとる．E と A，E と B を結ぶ．

AD = BC，DE = AC，∠ADE = 90° = ∠BCA であるから

$$\triangle EAD \equiv \triangle ABC$$

したがって AE = AB = c

四角形 BCDE は，上底 BC (a)，下底 DE (b)，高さ DC ($a + b$) の台形であるから，その面積は

$$台形 BCDE = \frac{1}{2}(a + b)^2$$

$$= \frac{1}{2}(a^2 + 2ab + b^2) \quad \cdots\cdots(1)$$

また，台形 BCDE = △ABC + △ABE + △EAD

$$\angle BAE = 180° - \angle CAB - \angle EAD$$

$$= 180° - (\angle CAB + \angle EAD) = 90°$$

したがって 台形 BCDE = $\frac{1}{2}c^2 + \frac{1}{2}ab \times 2$

$$台形 BCDE = \frac{1}{2}(c^2 + 2ab) \quad \cdots\cdots(2)$$

(1)と(2)より $\frac{1}{2}(a^2 + 2ab + b^2) = \frac{1}{2}(c^2 + 2ab)$

整理すると $a^2 + b^2 = c^2$

　この証明法は，ガーフィールド（Gárfield, James Abram）が 1876 年に発見したものという．（資 27）

　ガーフィールドは，オハイオ州出身（1831. 11. 19〜1881. 9. 19），アメリカ第 20 代大統領．ウィリアムズ大学を卒業（1856），ハイラム電気工学校の古典文学教師（1856）同校長（1857〜1861）となった．弁護士試験に合格し（1859）オハイオ州上院議員に選ばれる．南北戦争に志願して北軍に入り少将に累進（1963），辞して下院議員（1963），上院議員（1880）となり．共和党に属し，1880 年の大統領選挙で当選，大統領に就任したが（1881. 3. 4）4 ヶ月目に射撃され，2 ヶ月後それが原因で死亡したという（資 36）．

　証明法を発見したとされる 1876 年は，議員として活躍していた時期にあたる．

　No.25 ①の証明法の丁度半分の面積で証明している簡明な証明法である．

　代表的な証明法として，また，アメリカの大統領が考えた証明法として，いろいろな本で紹介されている有名な証明法である．

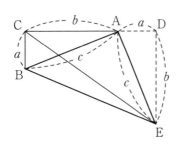

　図のように直角三角形ABC
のAよりABに直角に線をひき,
AB = AEとなるようにEをと
る．ACの延長線にEから垂線
EDを下ろす．EとB，EとC
を結ぶ.

$\angle$EAD = 180° − 90° − $\angle$CAB = 90° − $\angle$CAB = $\angle$ABC

AE = AB

共に直角三角形で斜辺と1つの鋭角が等しく　$\triangle$EAD ≡ $\triangle$ABC

したがって　AD = BC = a, DE = CA = b

　四角形ACBE = $\triangle$BCE + $\triangle$ACE

$$= \frac{1}{2}a(a + b) + \frac{1}{2}b^2$$

$$= \frac{1}{2}a^2 + \frac{1}{2}ab + \frac{1}{2}b^2 \quad \cdots\cdots(1)$$

また，四角形ACBE = $\triangle$ABC + $\triangle$ABE

$$= \frac{1}{2}ab + \frac{1}{2}c^2 \quad \cdots\cdots(2)$$

(1)と(2)より　$\dfrac{1}{2}a^2 + \dfrac{1}{2}ab + \dfrac{1}{2}b^2 = \dfrac{1}{2}ab + \dfrac{1}{2}c^2$

両辺に2をかけて整理すると

$$a^2 + b^2 = c^2$$

(1959. 7)

　この証明法は No.27 ③と図は同じであるが，③が 四角形 BCDE 全体の面積を計算して証明するのに対して，この証明法は四角形 BCAE の部分の面積を計算してピタゴラスの定理を証明するものである．したがって，面積計算法の中では，少ない面積で証明できる証明法の1つである．（実際にも No.27 ③が No.25 ①の面積の半分で証明できていることから，更に面積を少なくできないかという発想から考えた証明法である．）

　四角形 ACBE の面積を計算する方法は，

$$\triangle\text{ABC} + \triangle\text{ABE} = \frac{1}{2}ab + \frac{1}{2}c^2 \quad \cdots\cdots(2)$$

として計算する方法はすぐ思い浮かぶが，これだけではどうにもならない．（ここが面積計算法のポイントである．）

　そこで CE という補助線を考え出し，$\triangle\text{BCE} + \triangle\text{ACE}$ として計算したらどうかと考えた．その計算のための補助線が AD と DE である．そして

$$\triangle\text{BCE} + \triangle\text{ACE} = \frac{1}{2}a(b+a) + \frac{1}{2}b^2 \quad \cdots\cdots(1)$$

という計算式にたどり着き(1)と(2)を結びつけることで証明することができた．

　それでは，面積計算法において面積はどこまで切り詰められるかという問題であるが，今のところ最も小面積で証明できるのは No.39 ⑮ の補助線も含めて $\frac{1}{2}c^2$ の面積で証明するものである．

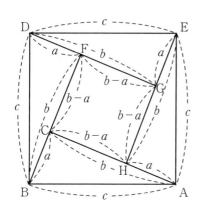

図のように，直角三角形の斜辺を1辺とする正方形 ABDE をかく．その正方形の内部に△ABC と，△ABC に合同な3つの三角形を図のようにかく．

四角形CFGH は4つの角が直角で各辺が $a-b$ であるから正方形である．よって

正方形 ABDE $=$ 正方形CFGH $+ \triangle$ABC $+ \triangle$EAH

$\qquad\qquad\qquad + \triangle$DEG $+ \triangle$BDF

$\qquad\quad =$ 正方形CFGH $+ 4\triangle$ABC

$\qquad\quad = (a-b)^2 + \dfrac{1}{2}ab \times 4$

$\qquad\quad = a^2 - 2ab + b^2 + 2ab$

$\qquad\quad = a^2 + b^2$

また，正方形 ABDE $= c^2$

したがって $c^2 = a^2 + b^2$

　この証明法は，インドのバースカラ（Bhāskara, バスカラとして
いる文献もある）の証明法といわれている．

　バースカラは，著書の中で図を示してただ「見よ」と述べただけ
という（資42）．

　バースカラの証明法といわれているものは，No.43，No.75 とこ
の証明法である．とりわけ No.75 とここでとりあげた証明法は関連
性があり，元は1つではないかと思われる．

　バースカラは，シャカ暦1026年（西暦1113 または1114年），諸
学万般に通じた占星術師マヘーシュヴァラを父として生まれた．36
歳の時『シッダーンタシローマニ』を著した．これは，既知数学の
書『リーラーヴァティー』，未知数学の書『ビージャガニタ』，天文
書『グラハガニタアドヤーヤ』，『ゴーラアドヤーヤ』からなる四部
作で，特に『リーラーヴァティー』と『ビージャガニタ』は算術と
代数の教科書として全インドに普及したという（資30）．

　インドの有名な数学者の一人である．

　この証明法も多くの書物に掲載されている代表的な証明法の1つ
である．

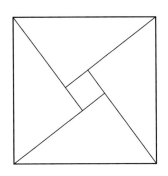

　1670年（寛文10年）刊行の澤口
一之著の『古今算法記』に左のよう
な図が掲載されており，我が国にお
けるこの種の図の最も古いものであ
るという（資33）．

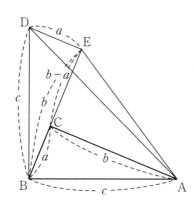

直角三角形 ABC の B より AB に直角に線をひき，BD ＝ AB となるように D をとる．BC の延長線に D より垂線 DE を下ろす．A と D，A と E を結ぶ．

BD ＝ AB，∠EBD ＝ 90° － ∠ABC ＝ ∠CAB

共に直角三角形で斜辺と 1 つの鋭角が等しく　△BDE ≡ △ABC

よって　BE ＝ b，CE ＝ $b - a$，DE ＝ a

四角形 ABDE ＝ △EBA ＋ △BDE

$$= \frac{1}{2} b^2 + \frac{1}{2} ab \quad \cdots\cdots(1)$$

また，　四角形 ABDE ＝ △ABD ＋ △DEA

$$= \frac{1}{2} c^2 + \frac{1}{2} a(b - a)$$

$$= \frac{1}{2} c^2 + \frac{1}{2} ab - \frac{1}{2} a^2 \quad \cdots\cdots(2)$$

(1)と(2)より

$$\frac{1}{2} b^2 + \frac{1}{2} ab = \frac{1}{2} c^2 + \frac{1}{2} ab - \frac{1}{2} a^2$$

整理すると　$\frac{1}{2} b^2 + \frac{1}{2} a^2 = \frac{1}{2} c^2$

したがって　$b^2 + a^2 = c^2$

(2005. 1. 16)

【要点】

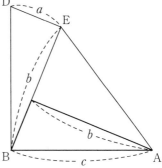

$$S = \triangle\text{EBA} + \triangle\text{BDE}$$
$$= \frac{1}{2}\,b^2 + \frac{1}{2}\,ab$$

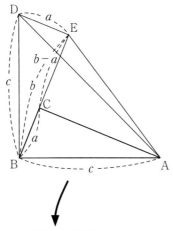

$$S = \triangle\text{ABD} + \triangle\text{DEA}$$
$$= \frac{1}{2}\,c^2 + \frac{1}{2}\,a\,(b - a)$$
$$= \frac{1}{2}\,c^2 + \frac{1}{2}\,ab - \frac{1}{2}\,a^2$$

$$\frac{1}{2}\,c^2 + \frac{1}{2}\,ab - \frac{1}{2}\,a^2 = \frac{1}{2}\,b^2 + \frac{1}{2}\,ab$$
$$\frac{1}{2}\,c^2 = \frac{1}{2}\,b^2 + \frac{1}{2}\,a^2 \quad \text{したがって} \quad c^2 = b^2 + a^2$$

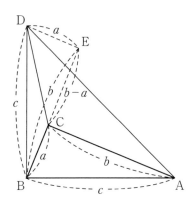

直角三角形ABCのBより
ABに直角に線をひき，BD
＝ABとなるようにDをと
る．BCの延長線にDより垂
線DEを下ろす．AとD，D
とCを結ぶ．

BD ＝ AB，∠EBD ＝ 90° − ∠ABC ＝ ∠CAB

共に直角三角形で斜辺と1つの鋭角が等しく　△BDE ≡ △ABC

よって　BE ＝ CA ＝ b，CE ＝ $b − a$，DE ＝ BC ＝ a

$$\triangle ABD = \frac{1}{2}c^2 \quad \cdots\cdots(1)$$

また，　$\triangle ABD = \triangle BCD + \triangle ACD + \triangle ABC$

$$= \frac{1}{2}a^2 + \frac{1}{2}b(b-a) + \frac{1}{2}ab$$

$$= \frac{1}{2}(a^2 + b^2 - ab + ab)$$

$$= \frac{1}{2}(a^2 + b^2) \quad \cdots\cdots(2)$$

(1)と(2)より　$c^2 = a^2 + b^2$　　　　　　　　　(2005. 1. 16)

【要点】

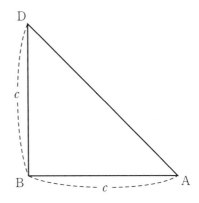

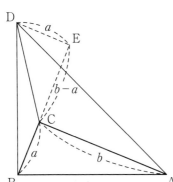

$$S = \triangle ABD = \frac{1}{2} c^2$$

$$S = \triangle BCD + \triangle ACD + \triangle ABC$$
$$= \frac{1}{2} a^2 + \frac{1}{2} b (b - a) + \frac{1}{2} ab$$
$$= \frac{1}{2} (a^2 + b^2 - ab + ab)$$
$$= \frac{1}{2} (a^2 + b^2)$$

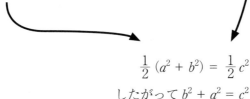

$$\frac{1}{2} (a^2 + b^2) = \frac{1}{2} c^2$$
$$したがって\ b^2 + a^2 = c^2$$

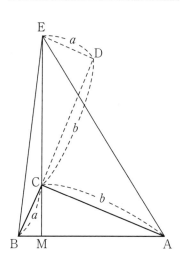

直角三角形 ABC の C より AB に垂線 CM を下ろす. CM を延長して C より CE = AB となるように E をとる. BC の延長線に E より垂線 ED を下ろす. E と A, E と B を結ぶ.

CE ⊥ AB, ED ⊥ BC　よって　∠CED = ∠ABC, AB = CE

共に直角三角形で斜辺と1つの鋭角が等しく　△ABC ≡ △CED

よって　ED = BC = a, DC = CA = b

四角形 ACBE = △BCE + △ACE

$$= \frac{1}{2} BC \cdot DE + \frac{1}{2} AC \cdot DC$$

$$= \frac{1}{2} a^2 + \frac{1}{2} b^2 \quad \cdots\cdots(1)$$

また,　四角形 ACBE = △BCE + △ACE

$$= \frac{1}{2} CE \cdot BM + \frac{1}{2} CE \cdot MA$$

$$= \frac{1}{2} CE (BM + MA) = \frac{1}{2} c^2 \quad \cdots\cdots(2)$$

(1)と(2)より　$\frac{1}{2} a^2 + \frac{1}{2} b^2 = \frac{1}{2} c^2$

したがって　$a^2 + b^2 = c^2$

(1959. 7)

【要点】

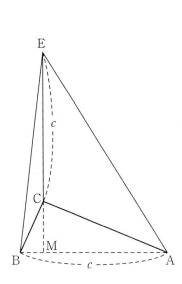

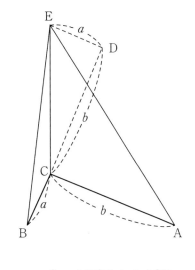

$S = \triangle BCE + \triangle ACE$

$= \dfrac{1}{2} BC \cdot ED$

$\quad + \dfrac{1}{2} AC \cdot CD$

$= \dfrac{1}{2} a^2 + \dfrac{1}{2} b^2$

$S = \triangle BCE + \triangle ACE$

$= \dfrac{1}{2} EC \cdot BM + \dfrac{1}{2} EC \cdot MA$

$= \dfrac{1}{2} EC (BM + MA)$

$= \dfrac{1}{2} c^2$

$\dfrac{1}{2} c^2 = \dfrac{1}{2} (a^2 + b^2)$

したがって $\quad c^2 = a^2 + b^2$

図は少し異なるが，証明の手法・内容がほとんど同じ例がある．

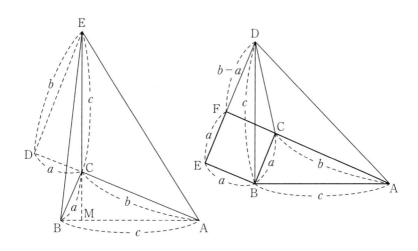

　左の図は No.32 ⑧と図は少し異なるが，よく見ると △ECD の向きが違っており，四角形 ACBE の面積を 2 通りの計算方法で計算し比較することで証明することができるが，内容的には，No.32 ⑧ほとんど同じになる．

　また，右の図も No31 ⑦と図は異なるが，△ABD の面積に注目して証明すれば，No.31 ⑦と同じように証明することができる．ただ，この図については，補助線 DC をとり除き見方を変えれば No.36 ⑫あるいは No.37 ⑬のような証明ができる．また，DC の代わりに AE をかけば，No.35 ⑪のような証明ができる．

　どのような補助線を書くかで証明の内容が変わってくる．

No. 33 面積計算法 ⑨

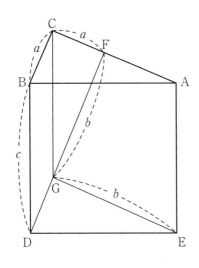

直角三角形ABCの斜辺 ABを1辺として図のように 正方形をかく. DよりAC に垂線DFを下ろす. Cよ りBDに平行に直線をひき, DFとの交点をGとする. G とEを結ぶ.

CG∥BD, DG∥BC であり四角形BCGDは平行四辺形である.

CG∥AE, CG = BD = AE であり四角形ACGEも平行四辺形.

GE = CA, ED = AB, DG = BC よって △EDG ≡ △ABC

CG = BD = AB, ∠GCF = 90° − ∠BCG = ∠ABC

共に直角三角形で斜辺と1つの鋭角が等しく △GCF ≡ △ABC

よって CF = BC, FG = CA

平行四辺形BCGD + 平行四辺形CAEG

$= BC \cdot CF + AC \cdot FG = a^2 + b^2$ ······(1)

また 平行四辺形BCGD + 平行四辺形CAEG

= 平行四辺形BCGD + 平行四辺形CAEG

$- △ABC + △EDG$

$= 正方形ABDE = c^2$ ······(2)

(1)と(2)より $a^2 + b^2 = c^2$

(2005. 4)

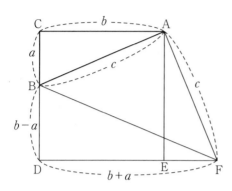

直角三角形 ABC の AC を1辺として図のように正方形をかく．DE の延長上に，E より BC と同じ長さ a をとり F とする．F と A，F と B を結ぶ．

（この外にも作図の仕方は考えられる．それに応じて証明法が変わる．）

AE = AC，EF = BC，∠FEA = ∠BCA = 90°

したがって　△AFE ≡ △ABC　よって　AF = AB = c

また，∠BAF = ∠BAE + ∠EAF = ∠BAE + ∠CAB = 90°

四角形 ABDF = 四角形 ABDF − △AFE + △ABC

$\qquad\qquad$ = 正方形 ACDE = b^2　……(1)

また，　四角形 ABDF = △ABF + △BDF

$$= \frac{1}{2} c^2 + \frac{1}{2} (b - a)(b + a)$$

$$= \frac{1}{2} c^2 + \frac{1}{2} b^2 - \frac{1}{2} a^2 \quad \cdots\cdots(2)$$

(1)と(2)より　$b^2 = \frac{1}{2} c^2 + \frac{1}{2} b^2 - \frac{1}{2} a^2$

よって　$\qquad \frac{1}{2} b^2 + \frac{1}{2} a^2 = \frac{1}{2} c^2$

したがって　$b^2 + a^2 = c^2$ $\qquad\qquad\qquad$ （資41）

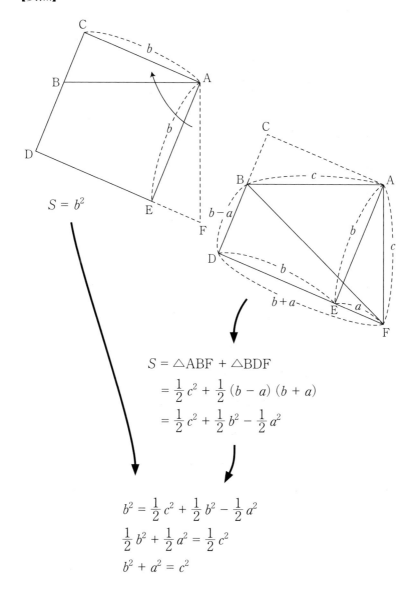

【要点】

$S = b^2$

$S = \triangle ABF + \triangle BDF$

$= \dfrac{1}{2}\,c^2 + \dfrac{1}{2}\,(b - a)\,(b + a)$

$= \dfrac{1}{2}\,c^2 + \dfrac{1}{2}\,b^2 - \dfrac{1}{2}\,a^2$

$b^2 = \dfrac{1}{2}\,c^2 + \dfrac{1}{2}\,b^2 - \dfrac{1}{2}\,a^2$

$\dfrac{1}{2}\,b^2 + \dfrac{1}{2}\,a^2 = \dfrac{1}{2}\,c^2$

$b^2 + a^2 = c^2$

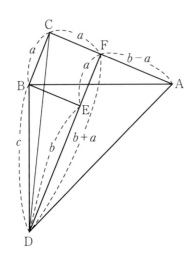

直角三角形 ABC の BC を 1 辺とする正方形を図のようにかく. B より AB に直角に線をひき, FE の延長線との交点を D とする. D と C, D と A を結ぶ.

BC = BE, ∠DBE = 90° − ∠ABE = ∠ABC,

∠BED = ∠BCA = 90°, したがって △DBE ≡ △ABC

$$四角形 ADBC = △ABC + △ABD = \frac{1}{2} ab + \frac{1}{2} c^2$$

$$= \frac{1}{2} (ab + c^2) \quad \cdots\cdots(1)$$

また, 四角形 ADBC = △BCD + △CAD

$$= \frac{1}{2} a^2 + \frac{1}{2} b (a + b)$$

$$= \frac{1}{2} (a^2 + ab + b^2) \quad \cdots\cdots(2)$$

(1)と(2)より $\frac{1}{2} (ab + c^2) = \frac{1}{2} (a^2 + ab + b^2)$

整理すると $c^2 = a^2 + b^2$

(1959. 7)

【要点】

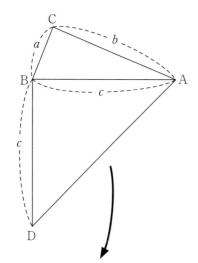

$S = \triangle\text{ABC} + \triangle\text{ABD}$

$\quad = \dfrac{1}{2}\,ab + \dfrac{1}{2}\,c^2$

$\quad = \dfrac{1}{2}\,(ab + c^2)$

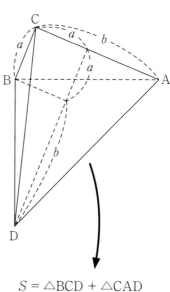

$S = \triangle\text{BCD} + \triangle\text{CAD}$

$\quad = \dfrac{1}{2}\,a^2 + \dfrac{1}{2}\,b\,(a + b)$

$\quad = \dfrac{1}{2}\,(a^2 + b^2 + ab)$

$\dfrac{1}{2}\,(ab + c^2) = \dfrac{1}{2}\,(a^2 + b^2 + ab)$

整理すると $\quad c^2 = a^2 + b^2$

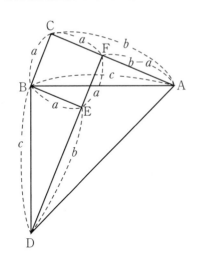

直角三角形 ABC の BC を1辺とする正方形を図のようにかく．B より AB に直角に線をひき，FE の延長線との交点を D とする．D と A を結ぶ．

BC = BE, ∠DBE = 90° − ∠ABE = ∠ABC

∠BED = ∠BCA = 90°, したがって △DBE ≡ △ABC

$$\text{四角形 ACBD} = \triangle\text{ABD} + \triangle\text{ABC} = \frac{1}{2}c^2 + \frac{1}{2}ab$$

$$= \frac{1}{2}(c^2 + ab) \quad \cdots\cdots(1)$$

また，　四角形 ACBD = 正方形 BCFE + △DAF + △DBE

$$= a^2 + \frac{1}{2}(b - a)(b + a) + \frac{1}{2}ab$$

$$= \frac{1}{2}(2a^2 + b^2 - a^2 + ab)$$

$$= \frac{1}{2}(a^2 + b^2 + ab) \quad \cdots\cdots(2)$$

(1)と(2)より　$\dfrac{1}{2}(c^2 + ab) = \dfrac{1}{2}(a^2 + b^2 + ab)$

整理すると　$c^2 = a^2 + b^2$

(1959. 7)

【要点】

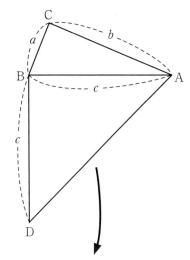

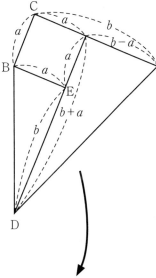

$S = \triangle\text{ABD} + \triangle\text{ABC}$

$\quad = \dfrac{1}{2}\,c^2 + \dfrac{1}{2}\,ab$

$\quad = \dfrac{1}{2}\,(c^2 + ab)$

$S = \text{正方形BCFE} + \triangle\text{DAF} + \triangle\text{DBE}$

$\quad = a^2 + \dfrac{1}{2}\,(b-a)\,(b+a) + \dfrac{1}{2}\,ab$

$\quad = \dfrac{1}{2}\,(2a^2 + b^2 - a^2 + ab)$

$\quad = \dfrac{1}{2}\,(a^2 + b^2 + ab)$

$\dfrac{1}{2}\,(c^2 + ab) = \dfrac{1}{2}\,(a^2 + b^2 + ab)$

$c^2 + \text{ab} = a^2 + b^2 + ab$

$c^2 = a^2 + b^2$

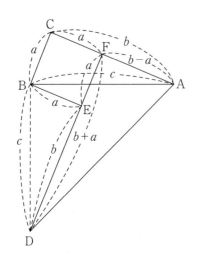

直角三角形 ABC の BC を
1 辺とする正方形を図のよう
にかく．B より AB に直角に
線をひき，FE の延長線との
交点を D とする．D と A を
結ぶ.

BE = BC，∠DBE = 90° − ∠ABE = ∠ABC

∠BED = ∠BCA = 90°　したがって　△DBE ≡ △ABC

五角形 ACBED = 五角形 ACBED − △ABC + △DBE

$$= △ABD = \frac{1}{2} c^2 \cdots\cdots(1)$$

また，　五角形 ACBED = 正方形 BCFE + △AFD

$$= a^2 + \frac{1}{2}(b-a)(b+a)$$

$$= a^2 + \frac{1}{2} b^2 - \frac{1}{2} a^2$$

$$= \frac{1}{2} a^2 + \frac{1}{2} b^2 \quad \cdots\cdots(2)$$

(1)と(2)より　$\frac{1}{2} c^2 = \frac{1}{2} a^2 + \frac{1}{2} b^2$

したがって　$c^2 = a^2 + b^2$

(2005. 1. 4)

【要点】

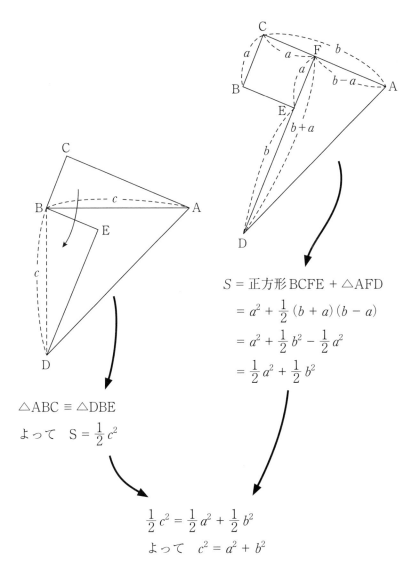

$S = 正方形BCFE + \triangle AFD$

$= a^2 + \dfrac{1}{2}(b + a)(b - a)$

$= a^2 + \dfrac{1}{2}b^2 - \dfrac{1}{2}a^2$

$= \dfrac{1}{2}a^2 + \dfrac{1}{2}b^2$

$\triangle ABC \equiv \triangle DBE$

よって $S = \dfrac{1}{2}c^2$

$\dfrac{1}{2}c^2 = \dfrac{1}{2}a^2 + \dfrac{1}{2}b^2$

よって $c^2 = a^2 + b^2$

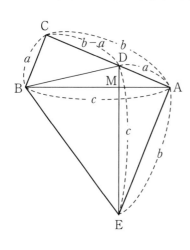

直角三角形 ABC の AC 上に AD = BC となるように D をとる. D より AB に垂線 DM を下ろす. DM の延長線上に DE = AB となるように E をとる. E と A, E と B, B と D を結ぶ.

ED = AB, DA = BC, ∠EDA = 90° − ∠DAB = ∠ABC

したがって △EDA ≡ △ABC

∠BCA = ∠DAE = 90°   したがって四角形 AEBC は台形である.

$$台形 AEBC = 四角形 AEBD + △BCD$$
$$= \frac{1}{2} AB \cdot DE + \frac{1}{2} BC \cdot CD$$
$$= \frac{1}{2} c^2 + \frac{1}{2} a(b - a)$$
$$= \frac{1}{2} c^2 + \frac{1}{2} ab - \frac{1}{2} a^2 \quad \cdots\cdots(1)$$

また, $台形 AEBC = \frac{1}{2} AC(BC + AE)$
$$= \frac{1}{2} b^2 + \frac{1}{2} ab \quad \cdots\cdots(2)$$

(1), (2)より $\frac{1}{2} c^2 + \frac{1}{2} ab - \frac{1}{2} a^2 = \frac{1}{2} ab + \frac{1}{2} b^2$

よって $\frac{1}{2} c^2 = \frac{1}{2} b^2 + \frac{1}{2} a^2$

したがって $c^2 = b^2 + a^2$

(2005. 5. 24)

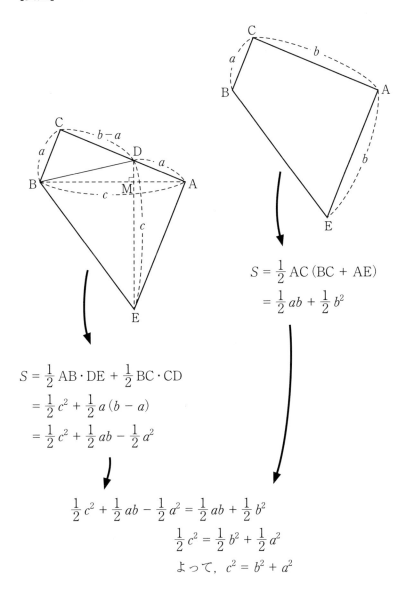

【要点】

$$S = \frac{1}{2}\,\mathrm{AC}\,(\mathrm{BC} + \mathrm{AE})$$

$$= \frac{1}{2}\,ab + \frac{1}{2}\,b^2$$

$$S = \frac{1}{2}\,\mathrm{AB}\cdot\mathrm{DE} + \frac{1}{2}\,\mathrm{BC}\cdot\mathrm{CD}$$

$$= \frac{1}{2}\,c^2 + \frac{1}{2}\,a\,(b - a)$$

$$= \frac{1}{2}\,c^2 + \frac{1}{2}\,ab - \frac{1}{2}\,a^2$$

$$\frac{1}{2}\,c^2 + \frac{1}{2}\,ab - \frac{1}{2}\,a^2 = \frac{1}{2}\,ab + \frac{1}{2}\,b^2$$

$$\frac{1}{2}\,c^2 = \frac{1}{2}\,b^2 + \frac{1}{2}\,a^2$$

よって, $c^2 = b^2 + a^2$

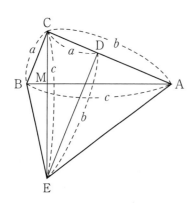

直角三角形 ABC の C より AB に垂線 CM を下ろす. CM の延長上に, CE = AB となるように E をとる. E より CA に垂線 ED を下ろす. E と B, E と A を結ぶ.

CE = AB, ∠ECD = 90° − ∠BCM = ∠ABC

共に直角三角形で斜辺と 1 つの鋭角が等しく　△ABC ≡ △ECD

よって　CD = BC = a, DE = CA = b, したがって

$$四角形 ACBE = △BCE + △ACE$$

$$= \frac{1}{2} CE \cdot BM + \frac{1}{2} CE \cdot MA$$

$$= \frac{1}{2} CE (BM + MA) = \frac{1}{2} c^2 \quad \cdots\cdots(1)$$

また,　四角形 ACBE = △BCE + △ACE

$$= \frac{1}{2} BC \cdot CD + \frac{1}{2} AC \cdot DE$$

$$= \frac{1}{2} a^2 + \frac{1}{2} b^2 \quad \cdots\cdots(2)$$

(1)と(2)より　$\frac{1}{2} c^2 = \frac{1}{2} a^2 + \frac{1}{2} b^2$

したがって　$c^2 = a^2 + b^2$

(1959. 7)

この図の中にユークリッド的証明法のエッセンスが入っている.

また，この証明法は次のようにもできる．

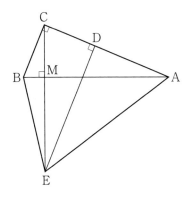

直角三角形ABCのCより ABに垂線CMを下ろす．CMの延長上に，CE = AB となるようにEをとる．EよりCAに垂線EDを下ろす．EとB，EとAを結ぶ．

CE = AB, $\angle$ECD = 90° − $\angle$BCM = $\angle$CBM = $\angle$ABC

$\angle$DEC = 90° − $\angle$ECD = $\angle$CAM = $\angle$CAB

一辺とその両端の角がそれぞれ等しく △ECD ≡ △ABC

したがって CD = BC, $\angle$BCD = $\angle$CDE = 90° であり BC // DE

よって，$\triangle$BCE = $\dfrac{1}{2}$ BC $\cdot$ CD = $\dfrac{1}{2}$ BC^2 ……(1)

また， $\triangle$BCE = $\dfrac{1}{2}$ CE $\cdot$ BM = $\dfrac{1}{2}$ AB $\cdot$ BM ……(2)

(1)と(2)より BC^2 = AB $\cdot$ BM ……(3)

同様にして AC^2 = AB $\cdot$ MA ……(4)

(3)と(4)より BC^2 + AC^2 = AB $\cdot$ BM + AB $\cdot$ MA

$$= AB (BM + MA)$$

$$= AB^2 \qquad (2005.\ 10.\ 10)$$

　この証明法では，「直角三角形の直角の1辺を1辺とする正方形の面積は，斜辺上にその辺が投ずる正射影と斜辺を辺とする長方形の面積に等しい」というユークリッドの定理を証明できる．

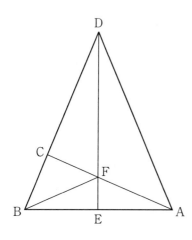

直角三角形 ABC の BC の延長線上に CD = AC となるように D をとる．D から AB に垂線 DE を下ろし，AC との交点を F とする．A と D，B と F を結ぶ.

∠CDF = 90° − ∠ABC = ∠CAB, CD = AC,

∠FCD = ∠BCA = 90° したがって △DFC ≡ △ABC

よって DF = AB = c, CF = BC = a

四角形 ADBF = △DFB + △DFA

$$= \frac{1}{2} \mathrm{DF} \cdot \mathrm{BE} + \frac{1}{2} \mathrm{DF} \cdot \mathrm{EA}$$

$$= \frac{1}{2} \mathrm{DF} (\mathrm{BE} + \mathrm{EA}) = \frac{1}{2} c^2 \quad \cdots\cdots(1)$$

また， 四角形 ADBF = △BCF + △ACD

$$= \frac{1}{2} \mathrm{BC} \cdot \mathrm{CF} + \frac{1}{2} \mathrm{AC} \cdot \mathrm{CD}$$

$$= \frac{1}{2} a^2 + \frac{1}{2} b^2 \quad \cdots\cdots(2)$$

(1)と(2)より $\frac{1}{2} c^2 = \frac{1}{2} a^2 + \frac{1}{2} b^2$

したがって $c^2 = a^2 + b^2$

1909 年にホーキンズ（Hawkins）が発表したものという．（資5）

【要点】

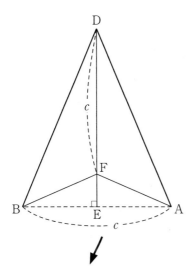

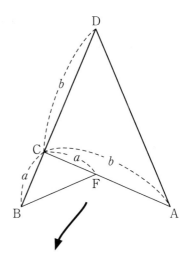

$S = \triangle DFB + \triangle DFA$

$\quad = \dfrac{1}{2} DF \cdot BE$

$\qquad + \dfrac{1}{2} DF \cdot EA$

$\quad = \dfrac{1}{2} DF (BE + EA)$

$\quad = \dfrac{1}{2} c^2$

$S = \triangle BCF + \triangle ACD$

$\quad = \dfrac{1}{2} BC \cdot CF + \dfrac{1}{2} AC \cdot CD$

$\quad = \dfrac{1}{2} a^2 + \dfrac{1}{2} b^2$

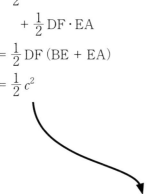

$\dfrac{1}{2} c^2 = \dfrac{1}{2} a^2 + \dfrac{1}{2} b^2$

したがって $\quad c^2 = a^2 + b^2$

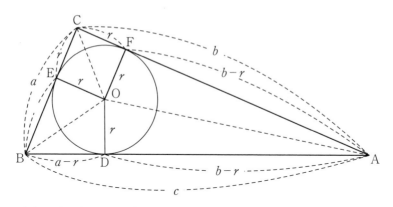

直角三角形ABCの内心Oより，AB，BCおよびACに垂線を下ろし，その足をそれぞれD，E，Fとし，内接円の半径をrとする.

$$a + b + c = 2r + 2a - 2r + 2b - 2r = -2r + 2a + 2b$$

よって $2r = a + b - c$

したがって，$r = \dfrac{1}{2}(a + b - c)$ ……(1)

$$\triangle ABC = \dfrac{1}{2}ar + \dfrac{1}{2}br + \dfrac{1}{2}cr$$
$$= \dfrac{1}{2}r(a + b + c)$$

この式に(1)を代入すると

$$\triangle ABC = \dfrac{1}{4}(a + b - c)(a + b + c) = \dfrac{1}{4}\{(a + b)^2 - c^2\}$$
$$= \dfrac{1}{4}(a^2 + b^2 + 2ab - c^2) \ \cdots\cdots(2)$$

また $\triangle ABC = \dfrac{1}{2}ab$ ……(3)

(2)と(3)より $\dfrac{1}{4}(a^2 + b^2 + 2ab - c^2) = \dfrac{1}{2}ab$

よって $a^2 + b^2 + 2ab - c^2 = 2ab$

したがって $a^2 + b^2 = c^2$

よく引用される証明法であるが，Mollmannの考案という.

（資14）

No.42 面積計算法 ⑱

内心のみではなく，3つの傍心を使っても証明できる．その一例を提示する．

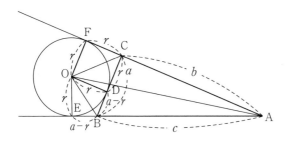

直角三角形ABCの傍心Oより BCと，AB，AC の延長線にそれぞれ垂線 OD，OE，OF を下ろす．傍接円の半径を r とする．

四角形 ODCF は正方形であり CD = r，したがって DB = a − r

△OAF ≡ △OAE であり AF = AE よって AF = r + b

また，AE = c + a − r であるから r + b = c + a − r

よって 2r = c + a − b したがって $r = \dfrac{1}{2}(c + a - b)$ ……(1)

$$△ABC = 四角形 FOEA − 五角形 FOEBC$$

$$= \frac{1}{2}(r + b) \cdot r \times 2 - \frac{1}{2}ar \times 2 = r^2 + br - ar$$

$$= r(r + b - a)$$

この式の r に(1)を代入すると

$$△ABC = \frac{1}{2}(c + a - b)\{b - a + \frac{1}{2}(c + a - b)\}$$

$$= \frac{1}{4}(c + a - b)(c - a + b) = \frac{1}{4}\{c^2 - (a - b)^2\}$$

$$= \frac{1}{4}(c^2 - a^2 - b^2 + 2ab) \quad ……(2)$$

また △ABC $= \dfrac{1}{2}ab$ ……(3)

(2)と(3)より $\dfrac{1}{4}(c^2 - a^2 - b^2 + 2ab) = \dfrac{1}{2}ab$

したがって $c^2 - a^2 - b^2 + 2ab = 2ab$ よって $c^2 = a^2 + b^2$

(1959. 7)

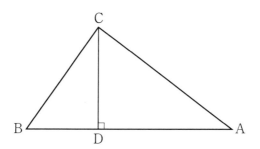

　　直角三角形ABCの直角の頂点Cから斜辺ABに垂線CDを下ろす.

△ABC と △CBD の間では

∠Bは共通,　∠BCA = ∠BDC = 90°　であるから

　　　　△ABC ∽ △CBD

したがって,　AB : BC = BC : BD

これより,　　BC^2 = AB・BD　……(1)

同様にして,　△ABC ∽ △ACD

したがって,　AB : AC = AC : AD

これより,　　AC^2 = AB・AD　……(2)

(1)と(2)より,　$BC^2 + AC^2$ = AB・BD + AB・AD

　　　　　　　　　　　　　= AB (BD + AD)

ここで　BD + AD = AB　であるから

よって　$BC^2 + AC^2 = AB^2$

インドのバースカラ（1114〜1185年頃）の証明といわれている．
イギリスのWallisも1685年にこのような証明をしたといわれる．
（資14）

日本では，会田安明が書いた『算法天生法指南巻之一』（文化7
年1810年刊行）に次のように記載されているという．（資4）

股：長弦＝弦：股

故に　股^2/弦＝長弦

又，勾：短弦＝弦：勾

故に　勾^2/弦＝短弦

両式辺々相加へ

　股^2/弦＋勾^2/弦＝弦

偏々弦ヲ乗ズレバ

　股^2＋勾^2＝弦^2

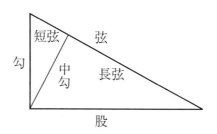

この証明法は多くの書物に掲載されている代表的な証明法の1つ
である．

また，ピタゴラス自身の証明法は，この比例によるものであろう
という考え方がある（資9，資10，資33）．

証明法としては，直角三角形の外に，補助線1本をひいただけで
ピタゴラスの定理を証明できる簡明なものである．ただ，比例につ
いての理解が前提となる．

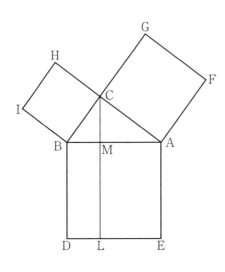

直角三角形 ABC の各辺上に図のように正方形をかく．C から AB に垂線 CM を下ろし，その延長線と DE の交点 L とする．

∠B は共通，∠BCA = ∠BMC = 90° であるから

$$△ABC ∽ △CBM$$

したがって，AB：BC = BC：BM，

よって　$BC^2 = AB \cdot BM = BD \cdot BM$

したがって，正方形 BCHI = 長方形 BDLM　……(1)

同様にして，正方形 ACGF = 長方形 AELM　……(2)

(1)と(2)より　正方形 BCHI + 正方形 ACGF

　　　　= 長方形 BDLM + 長方形 AELM

したがって　正方形 BCHI + 正方形 ACGF = 正方形 ABDE

（資9，資33）

No. **45** 比例の関係を利用した証明法 ③

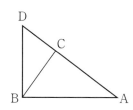

直角三角形 ABC の AC の延長線と，B から AB に直角にひいた線との交点を D とする．

$\angle DBA = \angle DCB = 90°$，$\angle CAB = 90° - \angle ABC = \angle CBD$ であるから

$$\triangle ABC \backsim \triangle BDC$$

したがって，$AC : BC = BC : CD$ であり

$$BC^2 = AC \cdot CD \quad \cdots\cdots(1)$$

また，$\angle DBA = \angle BCA = 90°$，$\angle A$ が共通であることから

$$\triangle ADB \backsim \triangle ABC$$

したがって，$AD : AB = AB : AC$ であり

$$AB^2 = AC \cdot AD = AC(AC + CD)$$
$$= AC^2 + AC \cdot CD$$

(1)により，$AC \cdot CD$ は BC^2 に等しいから

$$AB^2 = AC^2 + BC^2$$

(1959. 7)

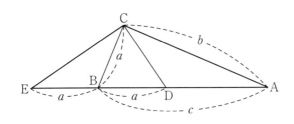

直角三角形 ABC の AB および AB の延長上に B より BC に等しく BD, BE をとる. C と D, C と E を結ぶ.

AD = AB − BD = $c − a$,　AE = AB + BE = $c + a$

BE = BC　であるから　∠BEC = ∠BCE

BD = BC　であるから　∠BDC = ∠BCD

したがって, ∠BEC + ∠BDC = ∠BCE + ∠BCD

よって, ∠DCE = $180° ÷ 2 = 90°$ = ∠ACB

∠ACD = $90°$ − ∠BCD = ∠BCE = ∠BEC, かつ, ∠A が共通だから

　　　　△ADC ∽ △ACE

したがって, AC : AD = AE : AC であるから

　　　$b : (c − a) = (c + a) : b$

したがって, $b^2 = (c − a)(c + a)$

　　　　　　　$= c^2 − a^2$

したがって　$a^2 + b^2 = c^2$

　この証明法は, 雑誌『学窓』1949 年 3 月号に高見豊氏が『ピタゴラスの定理』と題して書かれた文中で「先年米国の青年がジャーナル・マセマチックによせたもの」として紹介されていたものである.（資 8）

No. 47 比例の関係を利用した証明法 ⑤

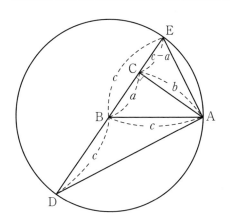

直角三角形 ABC の B を中心とし，AB を半径とする円をかく．BC を延長し，円周との交点を図のように D，E とする．D と A，E と A を結ぶ．

∠EAD = 90° であるから △DEA は，直角三角形である．

∠AEC = 90° − ∠CAE = ∠DAC

したがって，△AEC ∽ △DAC　であるから

$$\frac{CD}{AC} = \frac{AC}{CE}$$

$$\frac{c + a}{b} = \frac{b}{c - a}$$

よって，$(c + a)(c - a) = b^2$

$$c^2 - a^2 = b^2$$

したがって，$c^2 = a^2 + b^2$

Michael Hardy の証明法という． （資 23）

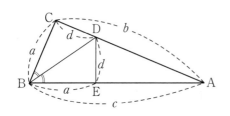

直角三角形 ABC の ∠ABC の二等分線と AC との交点を D とする. D より AB に垂線 DE を下ろす. CD の長さを d とする.

BD を共有し, ∠CBD = ∠DBE, ∠BCD = ∠BED = 90°

共に直角三角形で斜辺と1つの鋭角がそれぞれ等しく

$$\triangle BDC \equiv \triangle BDE$$

よって BE = BC = a, CD = DE = d

共に直角三角形で ∠A を共有するから $\triangle ABC \backsim \triangle ADE$

したがって, AB : AC = AD : AE

よって, AB・AE = AC・AD であるから

$$c(c - a) = b(b - d)$$

したがって, $c^2 - ac = b^2 - bd$ ……(1)

また, AC : BC = AE : DE

よって, BC・AE = AC・DE であるから

$$a(c - a) = bd$$

したがって, $ac - a^2 = bd$ ……(2)

(1)と(2)より $c^2 - ac + ac - a^2 = b^2 - bd + bd$

整理すると, $c^2 = b^2 + a^2$

(1959. 7)

No. *49* 比例の関係を利用した証明法 ⑦

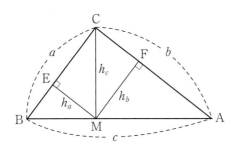

直角三角形 ABC の頂点 C から対辺 AB へ垂線 CM を下ろす. M から対辺 BC へ垂線 ME を下ろす. また, M から対辺 AC へ垂線 MF を下ろす.

△ABC と △CBM は ∠B を, △ABC と △ACM は ∠A を共有しており, また, これらは直角三角形であるから

$$△ABC \backsim △CBM \backsim △ACM$$

CM, ME, MF の長さを, それぞれ h_c, h_a, h_b とすると, それぞれ △ABC, △CBM, △ACM の高さとなる. この3つの三角形は相似であるから

$$\frac{c}{h_c} = \frac{a}{h_a} = \frac{b}{h_b} = k \quad （定数）$$

したがって, $h_c = \dfrac{c}{k}$, $h_a = \dfrac{a}{k}$, $h_b = \dfrac{b}{k}$ ……(1)

である. 3つの三角形の面積の関係から

$$\frac{1}{2}ch_c = \frac{1}{2}ah_a + \frac{1}{2}bh_b$$

この式に(1)を代入すると

$$\frac{1}{2k}c^2 = \frac{1}{2k}a^2 + \frac{1}{2k}b^2$$

両辺に $2k$ をかけると

$$c^2 = a^2 + b^2$$

（資15）

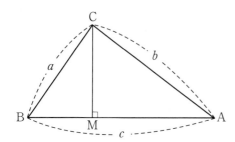

直角三角形 ABC をか
き，C より AB へ垂線
CM を下ろす.

△ABC と △CBM は ∠B を共有し，△ABC と △ACM は ∠A を共
有している．また，これらは直角三角形であるから

$$\triangle ABC \backsim \triangle CBM \backsim \triangle ACM$$

相似な三角形の面積の比は，それぞれの対応する辺の 2 乗比に等し
いから

$$\frac{c^2}{\triangle ABC} = \frac{a^2}{\triangle CBM} = \frac{b^2}{\triangle ACM}$$

が成り立つ.

したがって，$\dfrac{c^2}{\triangle ABC} = \dfrac{a^2 + b^2}{\triangle CBM + \triangle ACM}$　（加比の理）

ここで，△CBM + △ACM = △ABC　であるから

$$\frac{c^2}{\triangle ABC} = \frac{a^2 + b^2}{\triangle ABC}$$

両辺に △ABC をかけると

$$c^2 = a^2 + b^2$$

（資 33）

$^{No.}$51 比例の関係を利用した証明法 ⑨

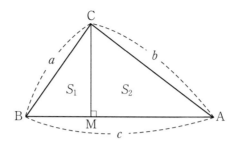

△ABC の面積を S とする.

$$△ABC \backsim △CBM \backsim △ACM$$

相似三角形の面積比は，それぞれの辺の2乗に比例するから

$$\frac{S_1}{a^2} = \frac{S_2}{b^2} = \frac{S}{c^2} = k$$

したがって，$S_1 = a^2k$, $S_2 = b^2k$, $S = c^2k$

$S_1 + S_2 = S$ であるから

$$a^2k + b^2k = c^2k$$

k で両辺をわると $a^2 + b^2 = c^2$

　これは，アインシュタインが考えた証明法といわれている（資11，資29ほか）．アインシュタイン（1879. 3. 14〜1955. 4. 18）は，特殊相対性理論を発表したことで知られている人．チューリヒ工業大学で学び，30歳頃一時チューリヒ大学で数学と物理学の講師をしていた（資36）.

図のような任意の形，大きさの直角三角形に

ついて

① 3辺を a 倍すると，それぞれ a^2, ab, ac となる．

② 〃 b 〃 ab, b^2, bc 〃

③ 〃 c 〃 ac, bc, c^2 〃

下の左の図は，同じ長さ ab の辺を持つ①と②の直角三角形を合わせたものである．右の図は，③のものである．

①＋②   ③

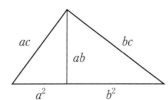 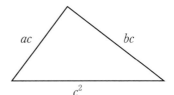

この2つを比較すると，直角をはさむ2辺の長さがそれぞれ等しく合同である．

合同であるから，斜辺も同じ長さである．したがって

$$a^2 + b^2 = c^2$$

この証明法は，Frank Burk のものであるという．（資24）

直角三角形の直角の頂点から斜辺に垂線をおろすと，元の三角形に相似形の2つの直角三角形ができるという直角三角形の特質に基ずくものである．

No. **53** 比例の関係を利用した証明法 ⑪

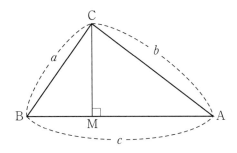

直角三角形 ABC の C から AB に垂線 CM を下ろす.

$\cos B = \dfrac{a}{c}$　であるから　$a = c \cos B$

したがって, 両辺に a をかけると

$$a^2 = ac \cos B$$

また, $\cos B = \dfrac{BM}{a}$　であるから上の式に代入すると

$$a^2 = \frac{ac \cdot BM}{a}$$
$$= c \cdot BM \quad \cdots\cdots(1)$$

同様にして, $b^2 = c \cdot MA \quad \cdots\cdots(2)$

(1)と(2)より　$a^2 + b^2 = c \cdot BM + c \cdot MA$
$$= c\,(BM + MA)$$

したがって, $a^2 + b^2 = c^2$

　比例の関係の代わりに三角関数を利用したものである. No54 ⑫ も同様の証明である.

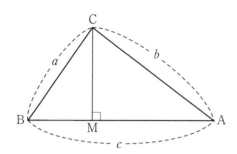

直角三角形 ABC の C から AB に垂線 CM を下ろす.

$\angle$BCM = 90° − $\angle$B = $\angle$A, $\angle$ACM = 90° − $\angle$A = $\angle$B

したがって, $a = c \cos \text{B}$, $b = c \cos \text{A}$

BM = $a \cos$ B, CM = $a \cos$ A

CM = $b \cos$ B, MA = $b \cos$ A

したがって,

$$\triangle\text{ABC} = \frac{ab}{2} = \frac{c^2 \cos \text{B} \cos \text{A}}{2}$$

$$\triangle\text{BCM} = \frac{\text{BM} \cdot \text{CM}}{2} = \frac{a^2 \cos \text{B} \cos \text{A}}{2}$$

$$\triangle\text{ACM} = \frac{\text{CM} \cdot \text{MA}}{2} = \frac{b^2 \cos \text{B} \cos \text{A}}{2}$$

$$\triangle\text{ABC} = \triangle\text{BCM} + \triangle\text{ACM}$$

したがって,

$$\frac{c^2 \cos \text{B} \cos \text{A}}{2} = \frac{a^2 \cos \text{B} \cos \text{A}}{2} + \frac{b^2 \cos \text{B} \cos \text{A}}{2}$$

両辺に $\dfrac{2}{\cos \text{B} \cos \text{A}}$ をかけると

$$c^2 = a^2 + b^2$$

(資27)

なお, No.51 ⑨の k は, $\dfrac{\cos \text{B} \cos \text{A}}{2}$ である.

$No.55$ 比例の関係を利用した証明法 ⑬

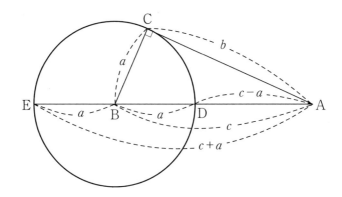

　直角三角形 ABC の B を中心として半径 a の円をかく.（AC は C で円に接する.）

AB と円との交点を D, AB の延長線と円との交点を E とする.

方べきの定理により

$$AC^2 = AD \cdot AE$$

したがって, $b^2 = (c - a)(c + a)$

$$= c^2 - a^2$$

したがって, $a^2 + b^2 = c^2$

I. Hoffman の証明法であるという.（資 14）

　多くの書物に掲載されている証明法である.

　No.46 ④の証明を方べきの定理を使って行うと上記のようになる.

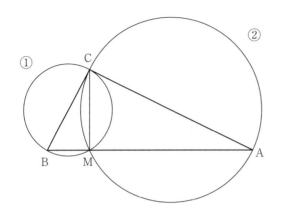

任意の直角三角形 ABC をかき, C から AB へ垂線 CM を下ろす. BC および AC を直径とする円①, ②をかく.

∠BCA が直角であるから BC は C で円②に接し, 方べきの定理により

$$BC^2 = AB \cdot BM \quad \cdots\cdots(1)$$

また, ∠BCA が直角であるから AC は C で円①に接し, 方べきの定理により

$$AC^2 = AB \cdot AM \quad \cdots\cdots(2)$$

(1)と(2)より

$$BC^2 + AC^2 = AB \cdot BM + AB \cdot AM$$
$$= AB(BM + AM)$$

ここで, BM + AM = AB であるから

$$AC^2 + BC^2 = AB^2$$

No.43①の比例の関係を使う所で接弦定理を使ったもので, 方べきの定理の応用編. 実質は比例の関係を使ったもの.

No.57 全体分割法 ①

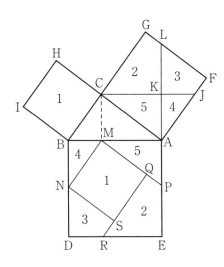

直角三角形 ABC の各辺上に図のように正方形をかく. AE の延長線 AL をかく. C より AB に平行な線 CJ をかき, AL との交点を K とする. C より AB に垂線 CM を下ろす. M より BC に平行に MN をかく. M より AC に平行に MP をかく. MP 上に, MQ = HC となるように Q をとる. Q から BC に平行に QR をかく. N から IB に平行に NS をかく.

分割された図形に図のように番号をつける.

同じ番号の図形はそれぞれ合同であり

　　　正方形 BCHI + 正方形 ACGF = 正方形 ABDE

が成立する.

　多くの書物に掲載されている証明法である.

　同じ番号の図形が合同であることの証明は巻末の補足説明参照.

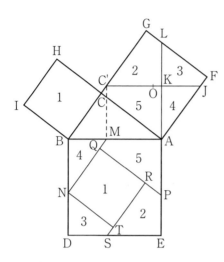

この図は次の順序でかくと，容易にかける．正方形 ACGF の中心 O を通り，AB に平行な線 C'J をかく．AE の延長線 AL をかき，C'J との交点を K とする．C' より AB に垂線 C'M を下ろす．M より BC に平行に MN をかく．AE 上に AP = KA となるように P をとる．P より AC に平行に PQ をかく．QP 上に QR = HC となるように R をとる．R より BC に平行に RS をかく．N より IB に平行に NT をかく．

分割された図形に図のように番号をつける．

同じ番号の図形はそれぞれ合同であり，次の式が成立する．

正方形 BCHI ＋ 正方形 ACGF ＝ 正方形 ABDE

この図は No.57 ① とも次の No.59 ③ とも異なる．　(1959. 7)

　各図形について，それぞれ合同であることは，4，5，1，3，2と
順次証明することができるが，ここでは別の方法で説明しよう．

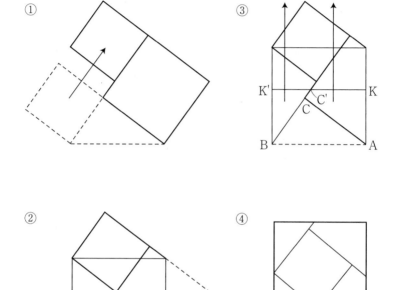

①

②

③

④

　③K'C'Kの位置で分割し，五角形ACBK'Kを上に移動させると，
④正方形ABDEと同じ大きさに収まる．

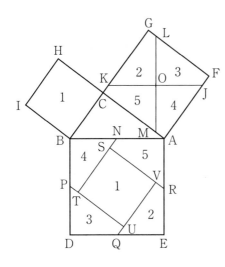

正方形 ACGF の中心 O を通り，AB に平行な線 KJ をひく．また，O を通り AE に平行な線 LM をひく．AB，BD，DE および AE の中点を N，P，Q および R とする．NT ∥ HI，PU ∥ IB，QV ∥ BC および RS ∥ CH となるように NT，PU，QV および RS をひく．（たとえば，N より HI に平行に，また，P より IB に平行に線をひき，交点を T とする．PT の延長と，Q より BC に平行にひいた線との交点を U とする．（以下略））

分割された図形に図のように番号をつける．

同じ番号の図形はそれぞれ合同であり（次頁参照），次の式が成立する．

正方形 BCHI ＋ 正方形 ACGF ＝ 正方形 ABDE

この証明法では，正方形ACGFの中心Oを通るように直交させて線を引き，4分割しているので4つの四角形は合同である．また，正方形ABDEについてもそれぞれの辺の中点から互いに直交する4本の直線で分割されていて4つの四角形はすべて合同である．

四角形MOKCと四角形RANSを比較すると，4辺はそれぞれ平行であり，全ての内角がそれぞれ等しい．また，LM = KJ = AB = AEであるからその半分の長さも同じである．したがってOM = AR，KO = NAと隣接する2辺がそれぞれ等しく

四角形MOKC ≡ 四角形RANS

となり，2〜5の2組8つの四辺形はすべて合同である．

四角形BCHIと四角形UVSTを比較すると，内角はすべて90°で同じである．

ST = TN − NS = JA − NS = BK − NS = BK − CK = BC

SV = SR − VR = NT − SN = ST = BC = HC

したがって，正方形BCHI ≡ 正方形UVSTである．

以上のことから，次の式が成立する．

正方形BCHI + 正方形ACGF = 正方形ABDE

この証明法は，ペリガル（Perigal）が考えたものという（資5）．ペリガル（1830年）のこの証明は彼の名刺を飾ったという（資15）．H. E. Dudeney（1917年）もこの図により証明しているという（資23）．また，J. Wipperもこの図により証明しているという（資14）．

この証明法の特徴は，斜辺上の正方形を合同な4つの四角形と小さな正方形に分割したところにある．

多くの書物に引用されている代表的な証明法の一つである．

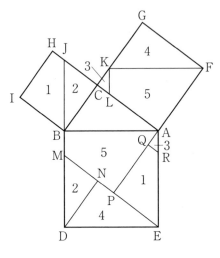

BDの延長とHCの交点を
Jとする. FよりABに平行
にFKをひく. また, Kより
KFに直角にKLをひく. E
よりAHに平行な線EMを
ひく. DよりBCに平行な線
DNをひく. また, FAの延
長線とEMとの交点をPと
する. PA上にPよりIHに
等しくPQをとる. Qより
HAに平行にQRをひく.

分割された図形に図のように番号をつける.

同じ番号の図形はそれぞれ合同（次頁参照）であり, 次の式が成立
する.

正方形BCHI + 正方形ACGF = 正方形ABDE

この証明法は紀元900年頃のアナイリチ（Annairizi）のものと
いう（資5）.（以下, 便宜上アナイリチ型と略称することがある.）

〔前頁の図について，同じ番号の図形が合同であることの証明〕

CA∥NE，AB∥ED，よって　∠CAB = ∠NED，AB = ED

AB∥ED，BC∥DN，よって　∠ABC = ∠EDN　したがって

$\qquad$ △ABC ≡ △EDN　……(1)

よって，BC = DN，JC∥MN，CB∥ND で　∠JCB = ∠MND

CB∥ND でその同位角となり　∠CBJ = ∠NDM　したがって

$\qquad$ △BJC ≡ △DMN　……2

CA∥GF，AB∥FK であるから　∠CAB = ∠GFK

CA = GF，∠BCA = ∠KGF = 90°

したがって，△ABC ≡ △FKG　……(2)

(1)と(2)より　△EDN ≡ △FKG　……4

$\qquad$ ∠CAB = 90° − ∠BAP = ∠PAE，AB = AE

共に直角三角形であり斜辺と1つの鋭角が等しく

$\qquad$ △ABC ≡ △AEP　……(3)

∠MBA = ∠LKF = 90°

AB∥FK でありその同位角にあたる　∠BAP = ∠KFA

∠APM = ∠FAL = 90°，AB = FK，AP = AC = FA

したがって，四角形 MBAP ≡ 四角形 LKFA　……5

RE∥JB，EP∥BI で　∠REP = ∠JBI，∠EPQ = ∠BIH，

∠PQR = ∠IHJ，EP = BC = BI，PQ = IH であるから

$\qquad$ 四角形 EPQR = 四角形 BIHJ　……1

QA∥CK，AR∥KL であるから　∠QAR = ∠CKL

∠RQA = ∠LCK = 90°，また四角形 ABKF は平行四辺形であり

KB = FA = AC = AP　よって AQ = AP − PQ = KB − BC = KC

したがって　△ARQ ≡ △KLC　……3

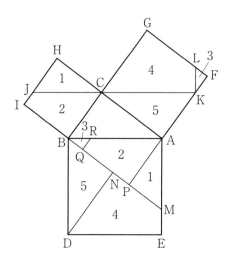

Cを通りABに平行な線JKをひく. KよりCKに直角にKLをひく. IBの延長線とAEとの交点をMとする. FAの延長線とBMとの交点をPとする. BM上にBよりKFと等しくBQをとる. QよりBMに直角にQRをひく. DよりBMに垂線DNを下ろす.

分割された図形に図のように番号をつける. 同じ番号の図形は合同である. したがって

正方形BCHI + 正方形ACGF = 正方形ABDE

この証明法は，1902年のカンパ（Campa）のものといわれている．
（資5）（以下，便宜上カンパ型と略称することがある．）

No.60④のアナイリチの証明法と似ているが，どう回転させても，
裏返しにしても重なることはなく，別の証明法と考えるべきもので
ある．

分割する線の位置に特徴があり，書きやすい．ただし，アナイリ
チの証明法のように対応する図形すべてを平行移動で重ねることは
できず，三角形については90°向きが異なっている．

『林鶴一博士和算研究集録下巻』（資4）に誰がいつ書いたか不明
な和算の紙片に書かれたピタゴラスの証明法の中にもこのカンパ型
の図がある．時代は不明だが和算家（江戸時代に発達した日本の数
学を学んだ人々）の中にも知られていたことがわかる．

前頁の図について，同じ番号の図形が合同であることの証明は補
足説明の中で説明．

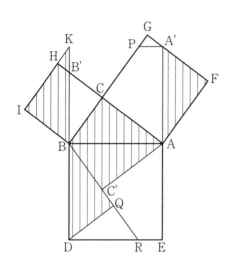

BD, AE を延長して, HC, GF との交点を B', A' とする. 次に C の AB に対する対称点を C' とする. C' と A, C' と B を結ぶ. BC' の延長と DE の交点を R とし, B から AC と同じ長さをとり, Q とする. Q と D を結ぶ. BB' の延長線と IH の延長線の交点を K とする. A' より AB に平行に A'P をひく.

$\triangle AA'F \equiv \triangle ABC \equiv \triangle ABC' \equiv \triangle BDQ \equiv \triangle KBI$ ……(1)

$AB = BD$, $\angle BAB' = \angle DBR$, $\angle B'BA = \angle RDB$ であるから

$\qquad \triangle AB'B \equiv \triangle BRD$

したがって(1)の $\triangle ABC \equiv \triangle BDQ$ と合わせて考えると

$\qquad \triangle BB'C \equiv \triangle DRQ$ ……(2)

∠PA'A = ∠REA = 90°, ∠A'AC = ∠EAC'

∠ACP = ∠AC'R = 90°

A'A = AE, AC = AC' で3つの角と隣接する2つの辺がそれぞれ等しく

四角形PA'AC ≡ 四角形REAC' ……(3)

また, GA' = GF − A'F = AC − BC

HK = IK − HI = AC − BC

よって GA' = HK, また, ∠GA'P = ∠CAB = ∠HKB',

∠PGA' = ∠B'HK = 90° であるから

△A'PG ≡ △KB'H ……(4)

(1)～(4)を合わせて考えれば正方形BCHIと正方形ACGFは, すべて正方形ABDEの中に入る. したがって

正方形BCHI + 正方形ACGF = 正方形ABDE

　これは, Ozaman, J. Wipper の証明法であるという. (資14に基づく)

　全体分割法の No.60 ④や No.61 ⑤のアナイリチ型やカンパ型と似ているが, △KBIのあたりの取り扱い, △ABCに合同な4つの三角形を一括して取り扱っているあたりが, 異なっている.

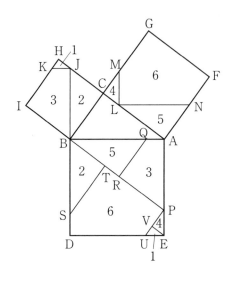

DBの延長とHCの交点をJとし、JからABに平行にJKをひく。CA上にCよりHJと同じ長さをとり、Lとする。LよりABに平行にLNをひく。LよりAEに平行にLMをひく。IBの延長とAEの交点をPとする。BA上にBよりLNと同じ長さをとりQとする。QよりANに平行にQRをひく。BD上にBよりJBと同じ長さとりSとする。SよりBCに平行にSTをひく。PよりMBに平行にPUをひく。EよりLCに平行にEVをひく。

分割された図形に図のように番号をつけると、同じ番号の図形はそれぞれ合同であり、次の式が成立する。

正方形BCHI + 正方形ACGF = 正方形ABDE

　直角をはさむ2辺をそれぞれ1辺とする2種のタイル状の正方形（小さい方は1辺が a，大きい方は1辺が b）は，図のように並べるとすき間なく並べることができる．そこに斜辺を1辺とする正方形を図のように書き込み（太い線で表した）その正方形に関係する大小2つの正方形（太い線で囲んだ）を選ぶと，斜線をひいた部分が重なっている．重なっていない部分についても，図全体の状況からそれぞれ合同であることが納得できると思う．（2005.3.30）

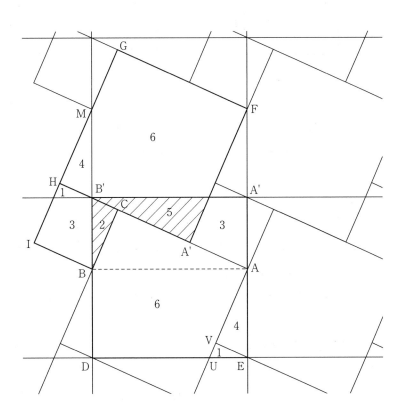

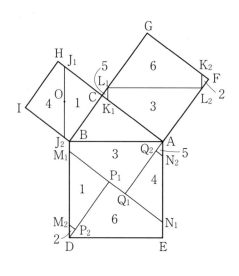

正方形BCHIの中心Oを通り, AEに平行な線J_1J_2をひく. CA上にCよりHJ$_1$と同じ長さをとりK$_1$とする. K$_1$よりAEに平行にL_1K_1をひく. L$_1$よりABに平行にL_1L_2をひく. L$_2$よりBDに平行にL_2K_2をひく. BD上にBよりL_1K_1と同じ長さをとりM$_1$とする. M$_1$よりACに平行にM_1N_1をひく. DよりBCに平行にDP_1をひく. DB上にDよりL_2K_2と同じ長さをとりM$_2$とする. M$_2$よりM_1P_1に平行にM_2P_2をひく.

FAの延長線とM_1N_1の交点をQ_1とする. AE上にAよりL_1K_1と同じ長さをとりN$_2$とする. N$_2$よりACに平行にN_2Q_2をひく.

分割された図形に図のように番号をつける. 同じ番号の図形は合同であるから次の式が成立する.

正方形BCHI + 正方形ACGF = 正方形ABDE　　　(1959. 7)

この分割法は斜辺上の正方形の分割数が6とアナイリチ型やカンパ型より1つ多いが各正方形の分割の仕方がそれぞれの中心点に対して点対称となっており対応する図形は, 3対となっている.

　この分割法についても，No.63⑦で使ったタイル状の模様を使って説明しよう.

　タイル状の模様の中に斜辺上に正方形と同じ大きさの正方形を図のように書き込み（太い線で表した）それと関係が深い大小2つのタイル状の正方形を選ぶ（太い線で表した）と斜線をひいた部分が重なる. 重ならない部分についても，図全体の状況からそれぞれ合同であることが納得できるだろう.（2005. 3. 30）

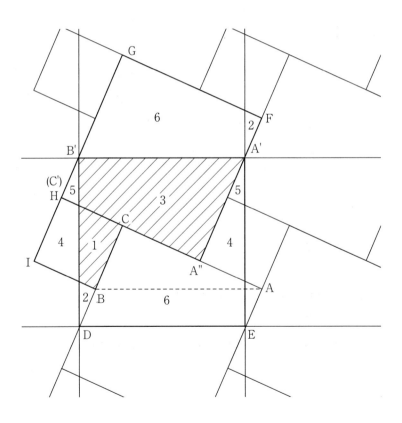

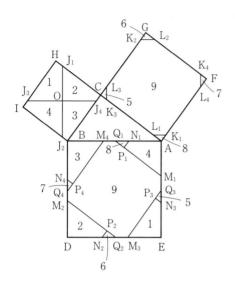

正方形BCHIの中心Oを通りBDに平行にJ_1J_2, ABに平行にJ_3J_4をひく. G, F, Aおよび CよりCJ_4と同じ長さを図のようにとり, K_2, K_4, K_1およびK_3とする. K_1, K_2よりABに平行にK_1L_1, K_2L_2をひく. K_3, K_4よりBDに平行にK_3L_3, K_4L_4をひく. A, E, DおよびBよりOJ_2と同じ長さを図のようにとり, M_1, M_3, M_2およびM_4とする. M_1, M_2よりACに平行にM_1Q_1, M_2Q_2をひく. またM_3, M_4よりBCに平行にM_3Q_3, M_4Q_4をひく. Q_1, Q_3, Q_2およびQ_4よりK_1L_1と同じ長さを図のようにとり, N_1, N_3, N_2およびN_4とする. N_1, N_2よりBCに平行にN_1P_1, N_2P_2をひく. また, N_3, N_4よりACに平行にN_3P_3, N_4P_4をひく.

分割された図形に図のように番号をつけると, 同じ番号の図形は合同であるから次の式が成立する.

正方形BCHI + 正方形ACGF = 正方形ABDE

(1959. 7)

この証明法についても前の2つの証明法と同じ様に2種のタイル
を敷き詰めたような模様を使って説明する.

タイル模様の中に斜辺と同じ長さの格子を書き込みその中の1つ
を選ぶ（太線で囲んだ）と斜線をひいた部分が重なる. 他の部分に
ついても合同であることが図全体から理解できると思う.

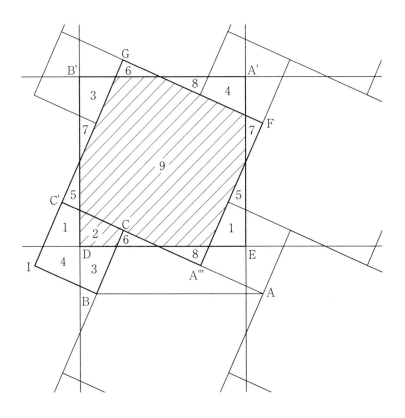

なお，この分割法と同じ分割となる図が『あなたは数学者（下）』
（資34）に示されている.

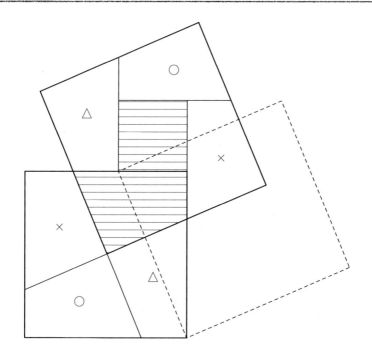

　各正方形の分割の仕方は，No.59 ③と同じであるが，各正方形の
位置関係が異なる．

　この図は1917年にヘンリー・デュドニーが作ったものという（資
22).『幾何学辞典：問題解法』（資1）にもこの図が掲載されている.

なお，No.63⑦およびNo.64⑧で使ったタイル模様の中に斜辺を1辺とした大きさの正方形を書き込んでみると，図と正方形の位置関係および分割の仕方が一致する．（タイル模様は，No.63⑦，No.64⑧のものとは，90°回転させてある．）

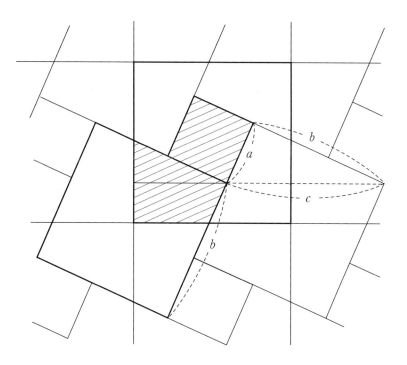

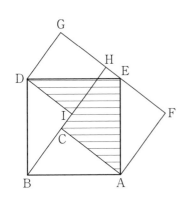

直角三角形 ABC の AB を 1 辺として図のように正方形をかく. AE を斜辺として, △ABC と合同な △AEF (EF = BC) を書き加える. DE を斜辺として, △ABC と合同な △EDG (DG = BC) を書き加える. BC の延長線と GE の交点を H とする. D より GH に平行に線をひき, BH との交点を I とする.

∠GED + ∠DEA + ∠AEF = 180° となり, F, E, G は一直線上にある.

BD ∥ AE, DI ∥ EF よって ∠BDI = ∠AEF, BD = AE

共に直角三角形で斜辺と 1 つの鋭角が等しく △BDI ≡ △AEF

したがって, △ABC ≡ △AEF ≡ △EDG ≡ △BDI

BC = DI = DG で 4 隅が直角であるから四角形 DIHG は, BC を 1 辺とする正方形となっている.

∠CAF = ∠CAE + ∠FAE = ∠CAE + ∠CAB = 90° であり, 4 隅が直角で AC = AF であるから, 四角形 ACHF は AC を 1 辺とする正方形である.

正方形 DIHG + 正方形 ACHF = 五角形 ACIDE
　　　　　　　　　　　　　　　 + △AEF + △EDG

正方形 ABDE = 五角形 ACIDE + △ABC + △BDI

したがって, 正方形 DIHG + 正方形 ACHF = 正方形 ABDE

　これは，Hauff の証明法という（Lehrbuch der reinen Mathematik 1803）．

　また，Nairizi によれば Thabit b. Qurra（826〜901）の証明という（資14）．

　資14では，Nairizi となっているが，これが Annairizi（アナイリチ，紀元900年頃）と同じ人であればアナイリチはこの証明を知っていたことになる．

　ちなみにこの証明法の図において △EDG を △ABC に当てはめると斜辺上の正方形の分割法はアナイリチ型（No.60④）になる．

　また，△EDG を △BDI に当てはめると斜辺上の正方形の分割はカンパ型（No.61⑤）になる．

　この証明法をここに入れたゆえんである．

　次頁以降で日本におけるピタゴラスの定理の証明法をいくつか取り上げるが，この証明法は，No.70⑭で取り上げる証明法とも似ている．

ここから日本におけるピタゴラスの定理の証明法をいくつか取り上げる.

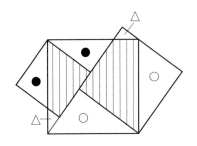

（斜線の部分は，重なりを表す.
原図にはない.）

○と○，●と●，△と△は，同じ面積の三角形である. したがって，直角をはさむ2辺のそれぞれを1辺とする正方形の面積の和と，斜辺を1辺とする正方形の面積とは等しい. この証明法の特徴は

1.　和算（江戸時代に盛んに行われた日本の数学）に特有の，直角をはさむ2つの正方形を並べて（⑬および⑭も参照のこと），その上に斜辺上の正方形を重ねて証明するものの1つである.

2.　重ならない部分が全て直角三角形で，そのそれぞれが合同であることが見てわかる. 逆にいえば，和算では上の例で言えば，同じ印がついた三角形が互いに合同であることをこの図で理解し，厳密な証明はしていない.

　ところがユークリッドの幾何学においては，定義・公理・公準から出発して，厳密な証明の積み重ねで次々と定理を明らかにしていく. その過程で不明確なものは認めない. したがって，上の例で言えば○●△の印がついた図形がそれぞれ合同であることを証明しなければならないのが幾何学の考え方である.

　明治になって，政府は近代化を目指し，数学については代数学や幾何学を取り入れた．このため和算は，急激に衰退した．

　この証明は，村瀬義益著の『算学淵底記（算法勿憚改）』という延宝元年（1673年）の本に下の左図のように3尺，4尺，5尺の直角三角形について書かれた図が掲載されているが，一般の直角三角形についてもあてはまることから，ピタゴラスの定理の証明と受け取られている（資4，資13，資14）．

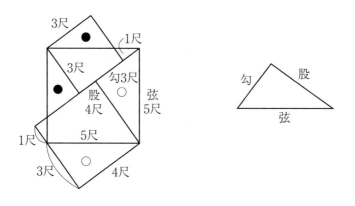

　正方形の分割の仕方としては，No.61 ⑤のカンパのものと同じであるが，正方形の位置関係が異なる．また，カンパより古い．

　磯村吉徳著の『頭書算法闕疑抄』（1684年）にもこの証明法が載っているという．（前記村瀬義益は，磯村吉徳の弟子である．）

　なお，和算においては，ピタゴラスの定理は勾股弦（こうこげん）あるいは勾股弦の理と呼ばれていた．弦は斜辺のことであり，直角をはさむ2辺の内，短い方を勾，長い方を股といった．また，日本では，三平方の定理という呼び名が第2次世界大戦中に考えだされ，以降使われている．

No.68 ⑫と同じく和算において行われていた証明法である.

日本の代表的な数学者である関孝和編の『解見題之法』（年代は不明であるが，No.68 ⑫で取り上げた村瀬義益著の『算法勿憚改』と同じ頃の本といわれている）および関孝和，建部賢明，建部賢弘編纂の『大成算経』巻10に下の図のかたちで掲載されているという．（資14）

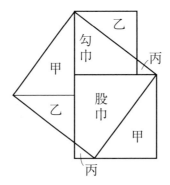

斜辺上の正方形の分割法に注目すると No.60 ④のアナイリチの分割法と同じであるが，各正方形の位置関係が異なり，また，2片が重なるところに特徴がある．その重なる面積も No.68 ⑫と同じく最大面積になっている．

関孝和は，江戸時代に中国の代数学である天元術が普及し始めた頃，それに代わる演段術を創案した．和算の基礎を築き，多くの門弟を育て，和算の発展に大きな足跡を残した人である（資37）.

No. **70** 全体分割法 ⑭

建部賢弘著『新編算学啓蒙諺解』（1690年刊）に下の左のような図が掲載されているという（資33）

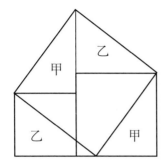
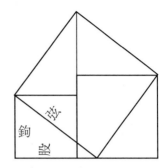

村松茂清の『算俎』（1663年）出版直後に関孝和が書いたと推定される『規矩要明算法』に上の右の図が掲載されているという（資40）.

また,『世界大百科事典』（資13）にも, 関孝和の20歳頃（1665年頃）の著「規矩要明算法」に（この証明法が）示されているとの記述がある.

その他この左の図を載せている書に

『勾股致近集』若杉多十郎著（1719）

『規矩分等集』万尾時春著（1722）

『算法開蘊』剱持章行著（1848）

等がある（資14）.

なお, 建部賢弘は関孝和の門に入り遂に高弟となった人（資37）.

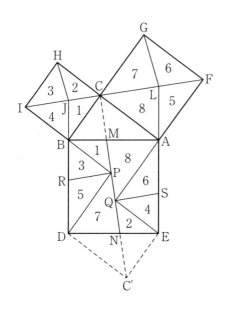

IとFを結ぶ．DB，AE を延長し，IFとの交点をJ，Lとする．HとJ，LとG を結ぶ．DからCAに平行に線をひき，EからCBに平行にひいた線との交点をC'とする．CとC'を結び，CC'とABとの交点をM，DEとの交点をNとする．IBを延長してBPをひく．PよりIFに平行にPRをひく．PとDを結ぶ．FAの延長線AQをひく．QよりIFに平行にQSをひく．QとEを結ぶ．

分割された図形に図のように番号をつけると，同じ番号の図形は合同であるから次の式が成立する．

正方形BCHI + 正方形ACGF = 正方形ABDE

（資9，資33，資35など）

No. 72 全体分割法 ⑯

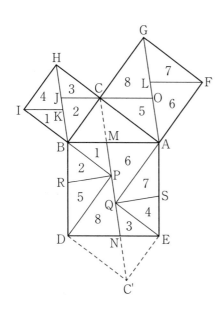

BとH，AとGを結ぶ．Cを通りABに平行な線JOをひく．IとFよりABに平行な線IKとFLをひく．DからCAに平行に線をひき，EからCBに平行にひいた線との交点をC'とする．CとC'を結び，CC'とABとの交点をM，DEとの交点をNとする．IBおよびFAを延長しCC'との交点をそれぞれP，Qとする．PよりHBに直角にPRを，QよりGAに直角にQSをひく．PとD，QとEを結ぶ．

分割された図形に図のように番号をつけると，同じ番号の図形は合同であるから次の式が成立する．

正方形BCHI ＋ 正方形ACGF ＝ 正方形ABDE

（資9，資33，資35）

　なお，同じ分割法になっている正方形について回転させたり，裏がえしにしたものは，同一の証明法と取り扱うべきではないかと考える．したがって，この類の全体分割法（全体分割法B型としているもの－補足説明この本における証明法の分類とその特徴参照）の分割の仕方としては，No.72⑮とこの⑯の2種となる．

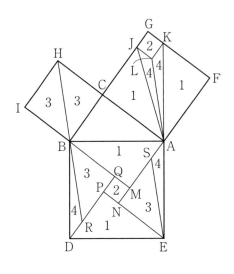

BとHを結ぶ．CG上に
CよりBCに等しくCJを
とる．FG上にFよりHC
に等しくFKをとる．Kよ
りGJに平行な線をひき，
JよりGKに平行にひいた
線との交点をLとする．A
とJ，AとL，AとKを結
ぶ．IBの延長とFAの延長
との交点をMとする．E
よりACに平行線をひき，
AMの延長との交点をN
とする．DよりBGに平行
に線をひき，BMとの交
点をQとする．ENの延長とDQの交点をPとする．HBの延長と
DQの交点をRとする．EよりALに平行に線をひき，ANとの交
点をSとする．

分割された図形に図のように番号をつけると，同じ番号の図形は合
同であるから次の式が成立する．

正方形BCHI ＋ 正方形ACGF ＝ 正方形ABDE

3世紀のLiu Huiの証明法という．（資24）

No. **74** 全体分割法 ⑱

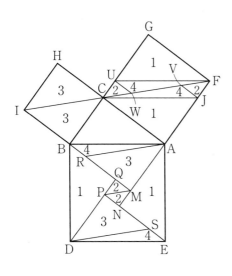

IとC，CとFを結ぶ．I，C，Fは一直線になる．IBの延長とFAの延長との交点をMとする．EよりACに平行に線をひき，AMの延長との交点をNとする．DよりBGに平行に線をひき，BMとの交点をQ，ENの延長との交点をPとする．AよりCFに平行にARを，DよりCFに平行にDSをひく．PとMを結ぶ．CからABに平行にCJを，FからABに平行にFUをひく．JよりACに平行にJVを，UよりACに平行にUWをひく．

分割された図形に図のように番号をつけると，同じ番号の図形は合同であるから次の式が成立する．

正方形BCHI ＋ 正方形ACGF ＝ 正方形ABDE

No.73⑰にヒントを得て考えたものである．⑰に比べて分割数は1つ増えたが，4種8個の三角形に分割された．また，出来上がりの形に特色がでた．（2004. 10. 11）

1 辺 c の正方形（面積 c^2）を組み替えると

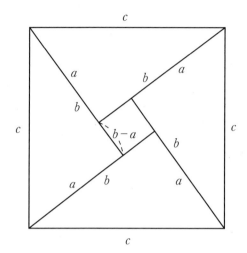

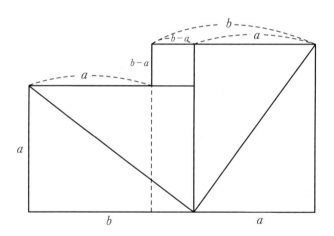

1 辺 b の正方形（面積 b^2）と 1 辺 a の正方形（面積 a^2）になる.

したがって $c^2 = b^2 + a^2$

これは，インドのバースカラ（1114〜1185年頃，文献によってはバスカラとしているものもある）の証明法といわれる．

バースカラは著書の中で，前頁の図のような図を載せ，ただ「見よ」とだけ書いたといわれている（資23，資33，資35）．

文献だけからは，No.29⑤との関連が判然としない（文献によっては，前頁の上の図のみを示して「見よ」とだけ書いてあるとするものもある．その場合はNo.29⑤の証明を意味するものと考えられる．前頁の下の図が付くと別の解釈ができる．また，前頁の下の図も文献によって若干異なる）．

ここでは，前頁の上の図を基とする証明法をNo.29面積計算法⑤として紹介し，上下2つの図による証明を全体分割法の1つの証明法として取り上げた．

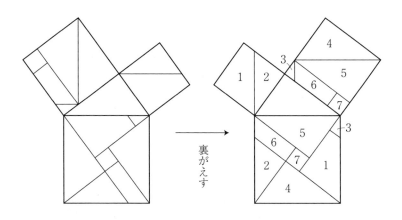

なお，3つの正方形を直角三角形の外側に書くタイプにすると上図のようになる．

宮城清行著の『和漢算法大成』巻2（1694年）には下の2図がか
かげられているという.

勾巾と股巾と相併図

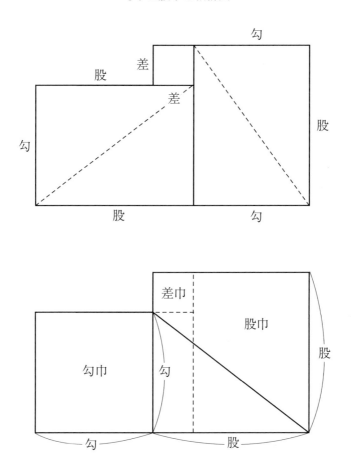

時代が下がり長谷川寛総理，編者千葉胤秀の『算法新書』（1830年）巻2の説明では，さらに下の端の図が加わっているという．

弦巾と成図

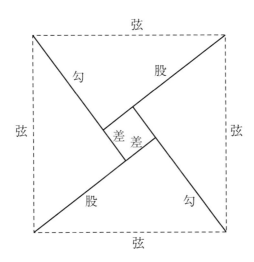

藤田貞資著『改正天元指南』（1726年），小野次正著『啓算法指南大成』（1852年）にも同様の図があるという（資14）．

なお，長谷川寛は，徳川中末期の和算家．江戸の人で，神田鍋町あたりに住み和算を教えていた．その弟子の一人が千葉胤秀である．

『算法新書』は，当時の数学の初歩から初め，そのあらましをわかりやすく説明したもので，広く世間に流行したという（資37）．

　ここで少し変った分割法を紹介しよう．これはポーラス・ガーデスが発表したものという（資22，資34）．原図は直角をはさむ辺について 13 × 13 と 12 × 12 に分割しているが，わかりやすく 5 × 5，4 × 4 で書いてみた．

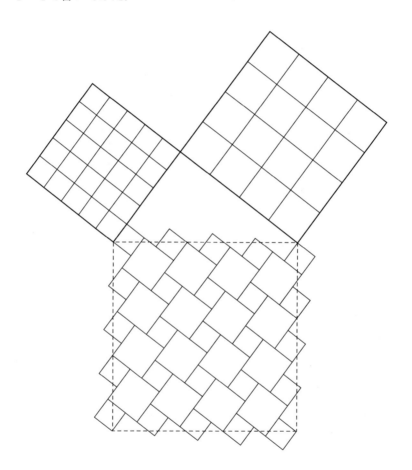

No.60④のアナイリチ型の分割を応用し，直角をはさむ2辺上の正方形を4×4に分割してかいてみた．分割の数を多くすれば，前図と同じような効果がでるのではないか．ご参考までに（2005. 5. 23）

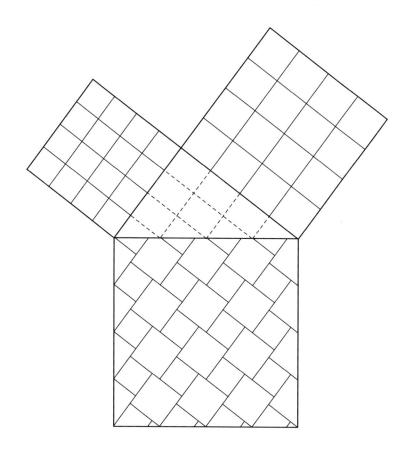

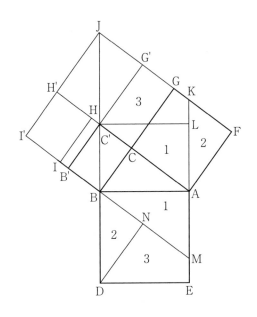

BD の延長と FG の延長との交点を J, HC との交点を C' とする. GJ 上に G より CC' と同じ長さをとり G' とする. G' と C' を結び, その延長線と BI との交点を B' とする. BI の延長上に B' より BI と同じ長さをとり I' とする. I' と J を結ぶ.

CH の延長と I'J との交点を H' とする.

AE の延長と FG との交点を K とする. C' より AB に平行に C'L をひく. BI の延長と AE の交点を M とする. D より AF に平行に DN をひく.

分割された図形に図のように番号をつけると, 同じ番号の図形は合同であるから, 長方形 AC'G'F = 正方形 ABDE である.

長方形 AC'G'F = 長方形 CC'G'G + 正方形 ACGF であり

長方形 CC'G'G = 正方形 B'C'H'I' = 正方形 BCHI（次頁で証明）であるから

正方形 BCHI + 正方形 ACGF = 正方形 ABDE

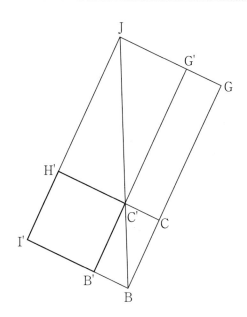

上の図で　△BJG ≡ △JBI', △C'JG' ≡ △JC'H',

　　　　　△BC'C ≡ △C'BB',

長方形 CC'G'G = △BJG − △C'JG' − △BC'C

正方形 B'C'H'I' = △JBI' − △JC'H' − △C'BB'

したがって，長方形 CC'G'G = 正方形 B'C'H'I'

なお，比例（JG':G'C' = C'C:CB）を使っても証明可能.

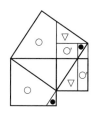
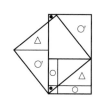

この証明法は和算家の考え
た左の図（資4）にヒント
を得て考えたものである.
（1959. 7）

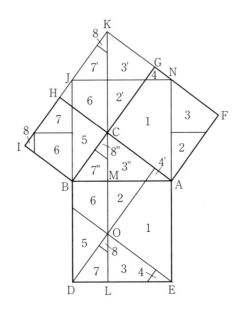

　　上の図をよく見ていただくと，以下の経過がよくわかる.

正方形 BCHI ＝ 平行四辺形 BCKJ ＝ 平行四辺形 DOCB

　　　　　　＝ 長方形 BDLM　　……(1)

正方形 ACGF ＝ 平行四辺形 ACKN ＝ 平行四辺形 EOCA

　　　　　　＝ 長方形 AELM　　……(2)

(1)と(2)より　正方形 BCHI ＋ 正方形 ACGF ＝ 正方形 ABDE

　　　　　　　　　　　　　　　　（資17に基づく）

☆二分分割法の幾何学上の位置づけ

　ユークリッドが『原論』を書いてから，『原論』は世界の幾何学のバイブル的な存在になった．その後，幾何学にも新しい動きが次々と広がってくる．

　ルーシェ・コンブルース著（小倉金之助訳註）の『初等幾何学第一巻』（資2）では概略次のように述べられている．

　ユークリッドは，全等なるものと面積の等しいものとの区分は明確にしないで「相等しきもの」と述べている．そして面積または面積の相等しきことについて精確な定義を与えることなく，少なくとも多角形については面積は存在すると仮定している．ところが，この仮定を認めない場合は，たとえば「相等しきものより相等しきものを減じた残りは相等し」という公理は無意味となる．このことによりユークリッドの面積の理論は，はなはだ不完全といわざるを得ない．

　ヒルベルトは，この不完全なところを補うことに成功した．しかし，ヒルベルトおよびその後の方法は，中学校の教育にとりいれることが困難であることから採用されてはいない．しかしながら，イタリアの厳密な教科書たとえば，エンリケュスーアマルヂの書においては，面積に関する次の公理を採用している．これは，ユークリッドの普通概念を改訂したものである．

1.　全等なる多角形（および閉曲線によって限られた全等なる図形）は等値である．

2.　第三の面積に等値の和は等値である．

3.　等値なる面積の和は等値である．

4.　等値なる面積の差は等値である．

5. 一つの面積はその部分に等しくない.

6. 二つの面積が等値でない時は一方は他方より大である.

とある.（資2）

ピタゴラスの定理については，「直角三角形の斜辺の上の正方形は，他の2辺の上の正方形を併合した多角形の分解等値である」とされ，証明法としては，次の No.79 二分分割法②の図が掲げられている.

なお，分解等値については，「二つの多角形 V，V' が互いに全等なる有限数の三角形に分解することができるときは，この二つの多角形 V，V' は分解等値なりといい，これを V ≡ V' と表す」と定義されている．この幾何の体系では，分割法は不可欠であり，特に「直角三角形の直角の1辺を1辺とする正方形の面積は，斜辺上にその辺が投ずる正射影と斜辺を辺とする長方形の面積に等しい」というユークリッドの定理の証明には二分分割法は欠かせない.

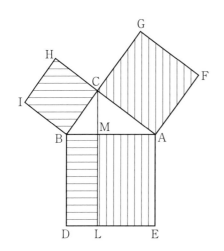

左の図において，BM が斜辺（AB）上に（直角をはさむ1辺）BC が投ずる正射影であり，ユークリッドの定理の意味することは，「正方形 BCHI と長方形 BDLM の面積は等しい」ということである．これも直角三角形のもつ重要な特性の一つである.

No. **79** 二分分割法 ②

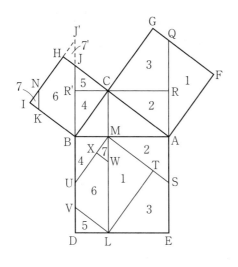

Cより DE に垂線 CL を
ひき，AB との交点を M
とする．BD の延長と HC
の交点を J とする．BJ に
対して BM と同じ長さの
間隔をとり BJ に平行に
KN をひく（KB を CJ と同
じ長さにとればよい）．AE
の延長と FG の交点を Q と
する．C を通り AB に平行
な線 R'R をひく．M より
AC に平行に MS をひく．L より BC に平行に LT をひく．L より
AC に平行に LV をひく．

　M より BC に平行に MU をひく．M より ML 上に NK と同じ長
さをとり W とする．W より AC に平行に WX をひく．BJ の延長線
と IH の延長線との交点を J' とする．

分割された図形に図のように番号をつけると，同じ番号の図形は合
同（等値）であるから次の式が成立する．

　　　　正方形 BCHI ＝ 正方形 BDLM

　　　　正方形 ACGF ＝ 正方形 AELM

したがって

　　　　正方形 BCHI ＋ 正方形 ACGF ＝ 正方形 ABDE　　　（資2）

二分分割法では，直角三角形の鋭角が違えば，分割数が違ってく
る．前図では，正方形BCHIは4分割だが，∠BACがより小さい
下の図では5分割となる．

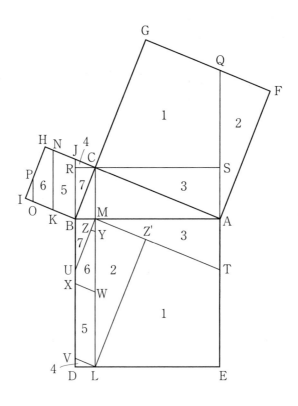

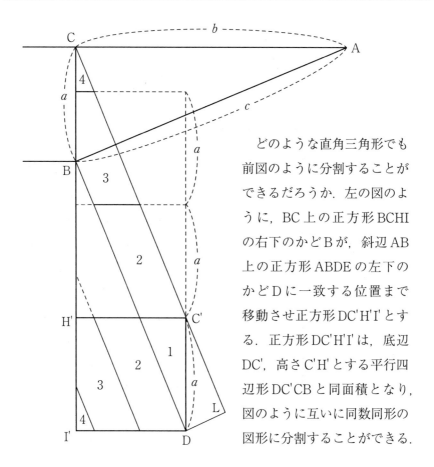

どのような直角三角形でも前図のように分割することができるだろうか．左の図のように，BC上の正方形BCHIの右下のかどBが，斜辺AB上の正方形ABDEの左下のかどDに一致する位置まで移動させ正方形DC'H'I'とする．正方形DC'H'I'は，底辺DC'，高さC'H'とする平行四辺形DC'CBと同面積となり，図のように互いに同数同形の図形に分割することができる．

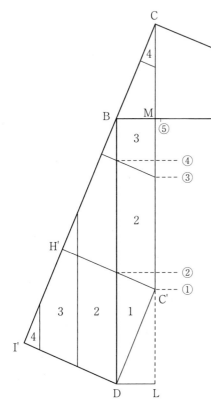

正方形DC'H'I'と同面積の平行四辺形DC'CBを，幅がBM，長さがBDの同面積の長方形にするためには，BMに平行な線で，上下2つの台形に分割し，上下を入れ替えて，再び接合すればよい．その位置は，分割数を少なく，わかりやすくするため①〜⑤の様な場所がいい．No.78は⑤，No.79は①にあたる位置で分割したものだが，次に④（或は②）での分割法を示す．

No. **80** 二分分割法 ③

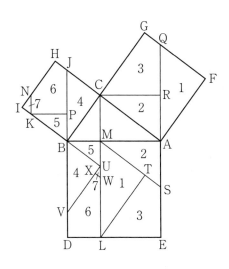

C より DE に垂線 CL を下ろし，AB との交点を M とする．BD の延長と HC の交点を J とする．BI 上に BK = JC となるよう K をとる．K より ML に平行に NK をひく．また，K より AB に平行に KP をひく．AE の延長と FG の交点を Q とする．C より AB に平行に CR をひく．M より CA に平行に MS をひく．

L より BC に平行に LT をひく．IB の延長と ML との交点を U とする．U より BC に平行に UV をひく．UL 上に UW = NK となるように W をとる．W から BI に平行に WX をひく．

分割された図形に図のように番号をつけると，同じ番号の図形は合同であるから次の式が成立する．

　　　　正方形 BCHI = 正方形 BDLM，

　　　　正方形 ACGF = 長方形 AELM

したがって

　　　　正方形 BCHI + 正方形 ACGF = 正方形 ABDE　　　（資5）

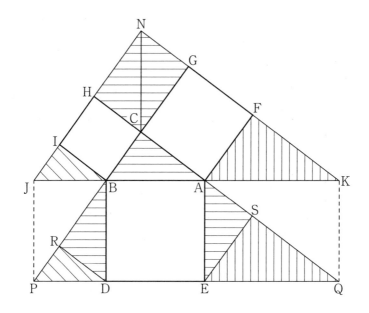

大きな2つの合同な直角三角形 △KJN と △QPC からそれぞれ合同
な4組の直角三角形と △ABC を取り除けば

　　　△KJN からは，正方形 BCHI と正方形 ACGF が残る.

　　　△QPC からは，正方形 ABDE が残る.

等しいものから，等しいものを取り除いた残りは，互いに等しいこ
とから

　　　正方形 BCHI ＋ 正方形 ACGF ＝ 正方形 ABDE

が成立する.

　この証明法は，J. Wipper（1880 年）のものであるという.（資
14)

No. **82** 全体附加法 ②

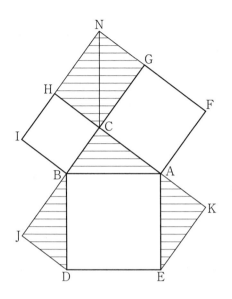

合同な五角形 ABINF と五角形 EDJCK からそれぞれ合同な3つの
三角形を差し引いた残りの正方形 BCHI と正方形 ACGF の面積の
和と，正方形 ABDE の面積は，等しい．（資14，資35）

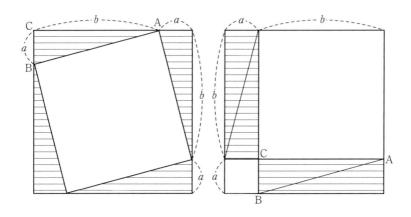

　左右の正方形は，1辺が（*a* + *b*）となっていて，面積は同じである．

　直角三角形に注目すると，左右共に，3辺がそれぞれ *a*, *b*, *c* の直角三角形が4つ含まれる．左の大きな正方形から，同面積の4つの直角三角形を取り除いた残りの「直角三角形の斜辺を1辺とする正方形の面積」と右の大きな正方形から，同面積の4つの直角三角形を取り除いた残りの「直角三角形の直角をはさむ2辺をそれぞれ1辺とする2つの正方形の面積の和」は等しい．

　この証明法も代表的な証明法の1つとして，多くの本に掲載されている．

　また，ピタゴラス自身が考えた証明法ではないかと言われているものの1つである（資5，資9，資29，資33）．

No.84 全体附加法 ④

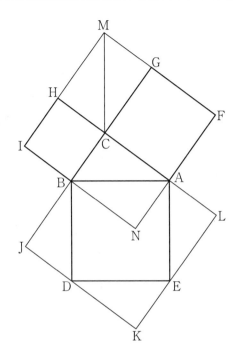

正方形FMINと正方形LCJKは，合同である．

その各々から合同な4つの直角三角形を差し引いた残りの

正方形BCHIと正方形ACGFの面積の和と正方形ABDEの面積は

等しい． （資14）

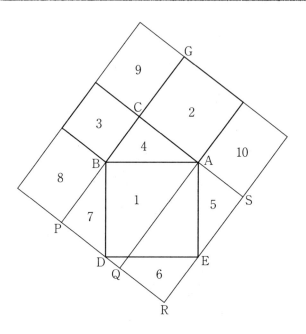

$4 = 5 = 6 = 7,\ 4 + 5 + 6 + 7 = 8 + 10$

$2 + 10 = $ 長方形 ACPQ

$3 + 8 = $ 長方形 AQRS

$1 = $ 長方形 ACPQ $+$ 長方形 AQRS $- 8 - 10$

$\quad = 2 + 10 + 3 + 8 - 8 - 10$

$\quad = 2 + 3$

(資5)

No. 86 全体附加法 ⑥

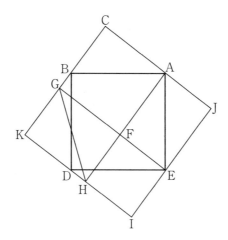

△ABC, △EAJ, △DEI, △BDK, △AEF, △HGK および △GHF の7つの直角三角形は合同である.

正方形 CKIJ から △ABC, △EAJ, △DEI および △BDK の4つの直角三角形を差し引いた残りの正方形 ABDE と,同じ正方形 CKIJ から △EAJ, △AEF, △HGK, △GHF の4つの直角三角形を差し引いた残りの正方形 ACGF と正方形 EFHI の和は等しい.(資14 に基づく)

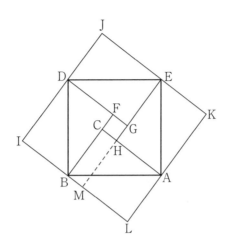

正方形 IJKL ＝ 正方形 ABDE

　　　　＋ △BAL ＋ △DBI ＋ △EDJ ＋ △AEK 　　……(1)

正方形 IJKL ＝ 正方形 IDGM ＋ 正方形 AHML

　　　　＋ △EDJ ＋ △DEG ＋ △AEK ＋ △EAH 　　……(2)

ところで，上の2つの式に出てくる三角形はすべて合同であり

(1)式にも(2)式にも各々4つ出ているので

(1)式および(2)式の三角形を取り除くと次式が得られる.

　　　正方形 ABDE ＝ 正方形 IDGM ＋ 正方形 AHML

　　　　　　　　　　　　　（資 21 に基づく）

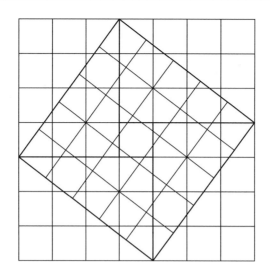

　中国の古い天文学と数学の教科書『周髀算経』（前300～200年）
に上の図が掲載されているという．

　図のように，正方形を対角方向に幅3（単位），長さ4（単位）に
切る．2角の間の対角線の長さはそのとき5になる．さてこの対角
線上に正方形をかき，外側に残った長方形を半分にした半長方形
（三角形）で区切りをつけると，内部に一つの正方形のプレートが
できる．こうして幅3，長さ4，対角線の長さ5の，外側の4個の
半長方形は，面積24の二つの長方形をつくる．そこで（面積49の
正方形からこれを差し引くと）残りは面積25になる（J. ニーダム，
1959）（資21）．

　3辺が3：4：5になる直角三角形についてかかれてはいるが，一
般的な直角三角形についても通用する．

なお，『周髀算経』については次のような記述もある．

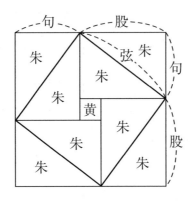

　『周髀算経』の注に，上のような股と句の和を辺とする正方形の図
がある．ここで，次の関係のあることがわかる．

　　　　外側の正方形　　　　　：朱8個と黄　　（股＋句）^{2}

　　　　内側斜めの正方形　　　：朱4個と黄　　弦^2

　　　　内側の小さい正方形：黄　　　　　　　（股－句）^{2}

　外側の正方形（朱8個と黄）

＝内側斜めの正方形（朱4個と黄）×2倍－内側の小さい正方形（黄）

この関係から，次の式が導かれる．

　　　　（股＋句）^{2} ＝ 2弦^2 －（股－句）^{2}　　　　　　　　（資38）

No. **88** 全体附加法 ⑧

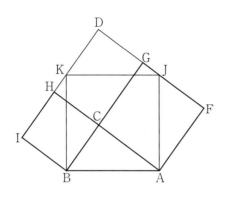

　　　直角三角形 ABC の AC,
BC をそれぞれ 1 辺として
図のように正方形をかく,
HI の延長線と, FG の延長
線との交点を D とする. A
と B より AB に直角に線を
ひき, DF と ID との交点
をそれぞれ J, K とする.
J と K を結ぶ.

FA = AC, ∠FAJ = 90° − ∠JAC = ∠CAB,

∠JFA = ∠BCA = 90° したがって　△AJF ≡ △ABC

同様にして　△KBI ≡ △ABC

したがって　AB = AJ = BK　であり　∠BAJ = ∠ABK = 90°　で
あるから, 四角形 ABKJ は, AB を 1 辺とする正方形である.

JK ∥ AB, KD ∥ BC　よって　∠JKD = ∠ABC, KJ = AB

共に直角三角形で斜辺と 1 つの鋭角が等しく　△JKD ≡ △ABC

よって　五角形 ABIDF = 正方形 ABKJ + 3△ABC　……(1)

また, 長方形 CHDG = 2△ABC であるから

　　　　五角形 ABIDF = 正方形 BCHI + 正方形 ACGF

　　　　　　　　　　　+ 3△ABC　……(2)

(1)と(2)より　正方形 ABKJ = 正方形 BCHI + 正方形 ACGF

（資31）

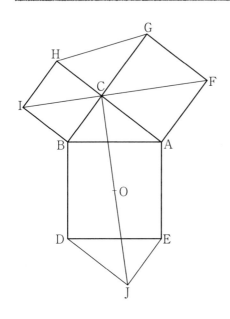

直角三角形ABCのそれぞれの辺を1辺として図のように正方形をかく．DからCAに平行に直線をひき，また，EからCBに平行に直線をひき，その交点をJとする．HとG，IとC，CとF，CとJを結ぶ．

∠ICH ＋ ∠HCG ＋ ∠GCF ＝ 180° となり，I，C，Fは一直線上にある．

BC∥EJ，AB∥DE したがって ∠ABC ＝ ∠DEJ

CA∥DJ，AB∥DE したがって ∠CAB ＝ ∠JDE

また，AB ＝ DE であるから △ABC ≡ △DEJ

∠BCA ＝ 90° ＝ ∠HCG，BC ＝ HC，CA ＝ CG

したがって △ABC ≡ △GHC

四角形IHGFと四角形IBAFは，IFに対して線対称となる．

四角形CBDJと四角形JEACは，CJの中心Oに対して点対称となる．

IB ＝ CB，∠IBA ＝ 90° ＋ ∠CBA ＝ ∠CBD，BA ＝ BD

∠BAF ＝ ∠BAC ＋ 90° ＝ ∠EDJ ＋ 90° ＝ ∠BDJ

AF ＝ AC ＝ DJ　以上のことから

　　　四角形 IBAF ≡ 四角形 CBDJ

したがって，これらの2倍の面積を持つから

　　　六角形 IBAFGH ＝ 六角形 CBDJEA

したがって，これら六角形から、それぞれ △ABC の2個分を差し引いた残りは等しく

　　　正方形 BCHI ＋ 正方形 ACGF ＝ 正方形 ABDE

　この証明法は，レオナルド・ダ・ヴィンチ（1452〜1519年）の科学論文にあるといわれている（資14）．レオナルド・ダ・ヴィンチは，「モナ・リザ」をかいた画家として有名な人．

　彼はイタリアの画家，彫刻家，建築家．ミラノの摂政スフォルツア家のロドヴィコに招かれ，ミラノに赴いた（1482）．この際彼は，あらゆることに精通している旨の自薦状をミラノに送っている．同地では他の学問，技術に携わることが多く1499年まで滞在した．後にフランス王ルイ十二世に招かれて（1506）ミラノに6年間いた．教皇レオ十世のもとに赴き（1513）約3年間滞在したのち，フランス王フランソアー一世に招かれフランスに赴いた．この期間は多年にわたる各方面の研究の整理に没頭した．彼は芸術家としてすぐれていただけでなく，天文学，物理学，地理学，土木工学，造兵学，機械学，植物学をも研究し，ルネッサンスの理想である「万能の人」をほぼ完全に近く実現したような人であった．（資36）

　とすれば彼がこの証明を考えたことも納得ができる．

　多くの本に引用されている有名な証明法である．

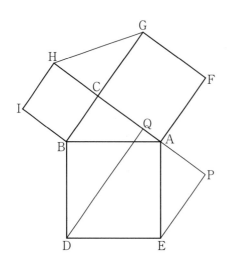

HとGを結ぶ. Dから
ACに垂線DQを下ろす.
AE上に△ABCと合同な
△EAPを付け加える.

△ABC ≡ △GHC ≡ △EAP　C, A, Pは一直線上にある.

AB ∥ DE,　AB = DE　また　AF ∥ PE,　AF = PE

および　FG ∥ PQ,　GB ∥ QD

であるから, 台形BAFGのBGは平行移動によってDQと重なる.

すなわち　台形ABGF ≡ 台形EDQP　……(1)

QP = GF = CA　から　CQ = AP = BC = BI

HI = BC,　BG = QD,　∠HIB = ∠BCQ

∠GBI = ∠DQC

よって　台形BGHI ≡ 台形QDBC　……(2)

(1)と(2)より　六角形ABIHGF = 五角形BCPED

両辺から合同な三角形2つとれば

　　　　正方形BCHI + 正方形ACGF = 正方形ABDE　　　（資25）

No.*91* 全体附加法 ⑪

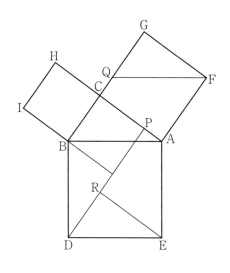

Dから AC へ垂線 DP を下ろす．E から DP へ垂線 ER を下ろす．F から AB に平行に FQ をひく．

四角形 BAHI を B のまわりに 90°回転させれば，四角形 BDPC に重なる

すなわち　四角形 BAHI ≡ 四角形 BDPC　……(1)

また，　　　△FQG ≡ △EDR　……(2)

さらに　　四角形 ACQF ≡ 四角形 RPAE　……(3)

(1)〜(3)より　七角形 BAFGCHI = 五角形 CBDEA

この両辺から，両多角形が共有する △ABC を取り去ると

　　　　正方形 BCHI + 正方形 ACGF = 正方形 ABDE

（資35）

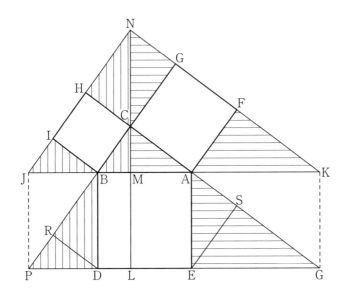

$$\triangle \text{NJM} \equiv \triangle \text{CPL} \quad \cdots\cdots(1)$$

また，$\triangle \text{NCH} \equiv \triangle \text{BDR}$，$\triangle \text{BJI} \equiv \triangle \text{DPR}$

$$\triangle \text{CBM は共通} \quad \cdots\cdots(2)$$

したがって，(1)の大三角形から(2)の３つの小三角形を取り除くと

$$\text{正方形 BCHI} = \text{長方形 BDLM} \quad \cdots\cdots(3)$$

同様にして　正方形 ACGF ＝ 長方形 AELM　……(4)

(3)と(4)から　正方形 BCHI ＋ 正方形 ACGF ＝ 正方形 ABDE

　　No.81 ①に CL を加え，二分附加法にしたものである．ユークリッドの定理が証明できる．（1959. 7）

No. 93 二分附加法 ②

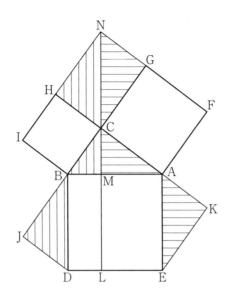

四角形 NMBI ≡ 四角形 CLDJ

また，△NCH ≡ △BDJ　かつ　△CBM は共通

よって　四角形 NMBI − △NCH − △CBM

　　　 = 四角形 CLDJ − △BDJ − △CBM

したがって　正方形 BCHI = 長方形 BDLM　……(1)

同様にして　正方形 ACGF = 長方形 AELM　……(2)

(1)と(2)から　正方形 BCHI + 正方形 ACGF

　　　 = 長方形 BDLM + 長方形 AELM

したがって　正方形 BCHI + 正方形 ACGF = 正方形 ABDE

(2005. 4)

　No.82②の NC を延長して NL とし，二分附加法としたものである．

①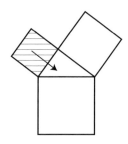

⑤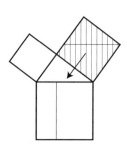

②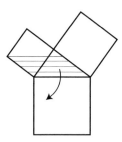

⑥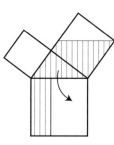

③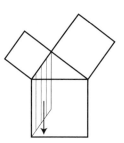

⑦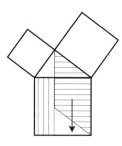

④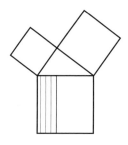

⑧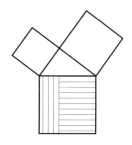

（資39）

$No.$ **95** 動画等による証明 ②

①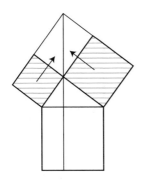

③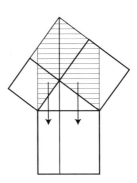

②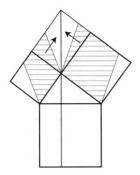

④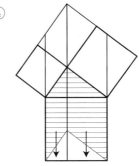

⑤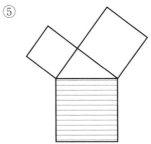

(資 23, 資 39)

①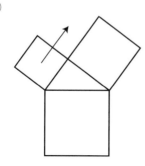

④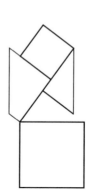

②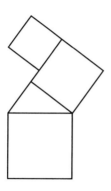

⑤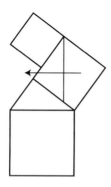

③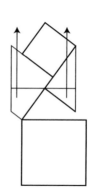

⑥

(1959. 7)

No. **97** 動画等による証明 ④

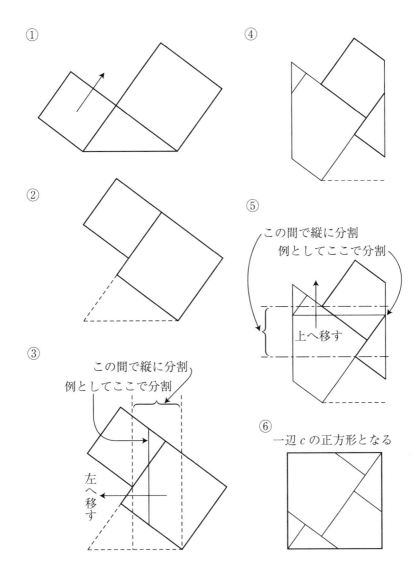

①

④

②

⑤

この間で縦に分割
　例としてここで分割

上へ移す

③

この間で縦に分割

例としてここで分割

左
へ
移
す

⑥

一辺 c の正方形となる

（2005. 8. 1）

① 次のようなプレートを準備する.

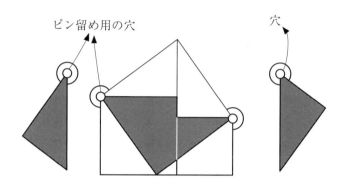

ピン留め用の穴　穴

② 使い方

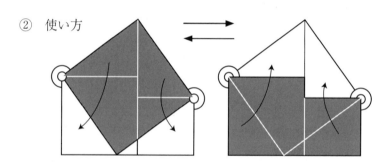

この方式はジョイント方式と呼ばれているという. （資32）

☆①のプレートの代わりに次のようなものでもよい.

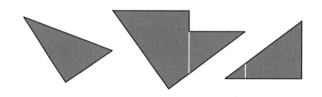

外国の教育では，効果的に使われているようである.

角度の異なるプレートを準備すると効果的

動画にすると次のようになる.

①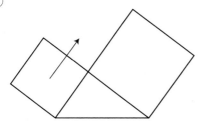

④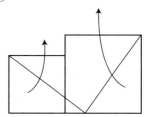

②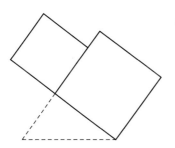

⑤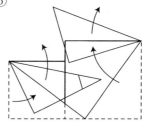

③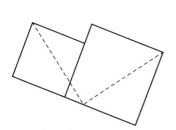

⑥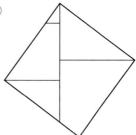

① ③

② ④

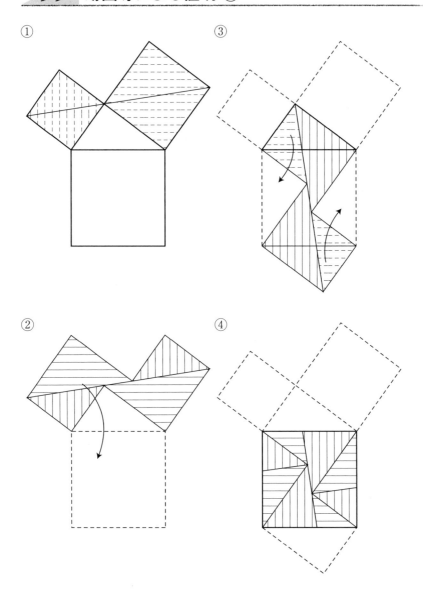

No.71 全体分割法⑮に基づく．（1957. 7）

*No.***100** 動画等による証明 ⑦

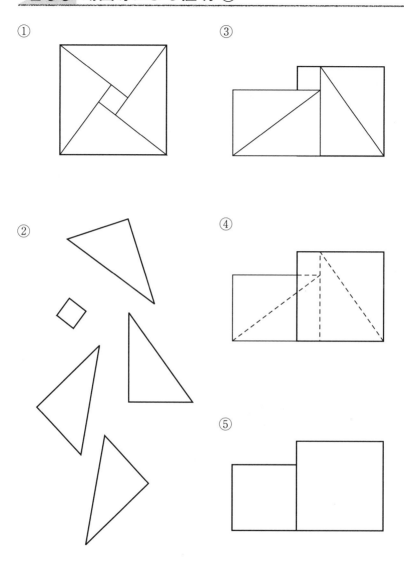

① ② ③ ④ ⑤

No.75 全体分割法⑲に基づく.

①

③

②

④

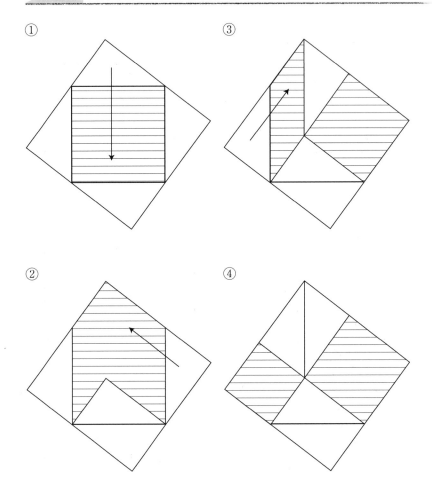

No.83 全体附加法③に基づく.

^{No.}*102* 動画等による証明 ⑨

　大きな直角三角形の中に5つの直角三角形がありすき間が直角三

角形の2辺上の正方形となっている.

①

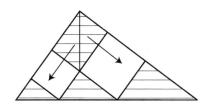

②

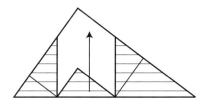

③

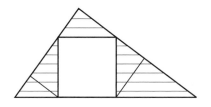

　空き間が, 斜辺上の正方形に変わった.

　No.81 全体附加法①に基づく. (2005. 3. 19)

補足説明

☆この本における証明法の分類とその特徴

数多くある証明法を次のように分類した.

Ⅰ. ユークリッド的証明法

1. 直角三角形のそれぞれの辺上に正方形をかいて証明するもの

   (1) 3つの正方形が直角三角形の外側にあるもの:A型

   (2) 斜辺上の正方形のみ直角三角形の内側にあるもの:B型

   (3) 直角をはさむ2辺上の正方形が直角三角形の内側にあるもの:C型

   (4) 3つの正方形をかく場合で上記以外の場合:D型

2. 直角三角形の各辺上の正方形の一部を省略するもの

   (1) 斜辺を1辺とする正方形のみ省略するもの:E型

   (2) 斜辺を1辺とする正方形のみかくもの:F型

3. その他:G型

   直角三角形のそれぞれの辺上に二等辺直角三角形をかいて証明するもの

   など

Ⅱ. 面積計算法

1. 面積計算法系統

   (1) A型

   (2) B型

2. ユークリッド的証明法系統

   (1) C型

  (2) D 型

  (3) E 型

  (4) F 型

  (5) G 型

 3. 内心等を利用するもの：H 型

Ⅲ．比例の関係を利用するもの

 1. 比例の関係を直接的に利用するもの

 2. 三角関数を利用するもの

 3. 比例の関係を間接的に利用するもの

Ⅳ．図形の合同を基とするもの

 1. 分割法

  (1) 全体分割法

   ア．A 型

   イ．B 型

   ウ．C 型

   エ．D 型

   オ．E 型

   カ．F 型

  (2) 二分分割法

 2. 附加法

  (1) 全体附加法

   ア．A 型

   イ．B 型

   ウ．C 型

   エ．D 型

   オ．E 型

(2) 二分附加法

V．動画等による証明（説明）

1. ユークリッド的証明法系統

2. 分割法系統

3. 附加法系統

　次にこれらの証明法についてその特徴また相互の関係等を見てみよう

I．ユークリッド的証明法

　ユークリッドが『原論』において用いた証明法およびこれに類するものをユークリッド的証明法とした．

　その特徴としては

① 　任意の直角三角形の辺を1辺とする正方形をかいて（最も典型的な場合は3辺それぞれに正方形をかく）

② 　「斜辺上の正方形」を直角三角形の直角の頂点より斜辺に下ろした垂線の延長線によって二分し，そのそれぞれと他の2つの正方形がそれぞれ等しいことを

③ 　それらの1辺と等しい底辺（または高さ）をもち，他の1辺と等しい高さ（または底辺）をもつ三角形または平行四辺形を媒介として証明し

④ 　それらの計が等しいことを証明することによって

ピタゴラスの定理の成り立つことを証明するものである．

　ここでは，その正方形の書き方に着目 A〜G のタイプに分類した．

1.　直角三角形のそれぞれの辺上に正方形をかいて証明するもの

⑴　3つの正方形が直角三角形の外側にあるもの：A型

　①～⑬がこれに該当する．この内①，②および⑨は，2組の三角形または平行四辺形の合同を証明することで，2組の正方形と長方形の等しいことを証明している（多くは，1組について証明し，他の1組については「同様にして」と省略しているが……）．

　その他のものは，1つの三角形または平行四辺形を使って，1組の正方形と長方形の面積が等しいことを証明している．

　しかしこの場合，三角形や平行四辺形と離れた位置にある正方形や長方形については，底辺や高さが等しいことを証明するため，別の一組の三角形（その為の三角形としては，元の直角三角形と合同な直角三角形が使われる）が合同であることを証明しなければならなくなる．その結果，2組の正方形と長方形の面積の等しいことを証明するためには，最低2組の三角形または平行四辺形の合同（または等積）を証明することとなる．

　一方，No.4④，No.8⑧，およびNo.11⑪の場合には，正方形ACGFと長方形AELMとが等しいことを証明する場合，④ではAとK，KとE，⑧ではCとE，KとE，⑪ではKとEをそれぞれ結び，既に証明している△ABC≡△KCJを利用して，証明することができるのである．このことは，証明の文面からは読み取れない．それは，「同様にして」という言葉の中に隠れている．通常の場合は，「同様の手順を踏んで」別の1組の三角形の合同を証明することになる．しかし，この3例の証明では，その必要がないのである．

⑵　斜辺上の正方形のみ直角三角形の内側にあるもの：B型

　No.14⑭，No.15⑮がこれに該当する．B型の特徴は，1つの三角形または平行四辺形によって1組の正方形と長方形の面積が等しい

ことを証明することができる．しかし，このタイプでは図の書き方が問題になる．

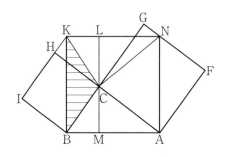

それぞれの辺を1辺として図のように正方形をかくとKとNは斜辺上の正方形の角であるが，線分HIや線分FGとの位置が明確でない．そこでNo.14 ⑭では先ずACとBCをそれぞれ1辺とする正方形をかく．

そしてBとAからABに直角に線をひき，IHの延長との交点をK，FGとの交点をNとする．KとNを結ぶ．

として四角形ABKNをかいている．その後 △KBI ≡ △ABC と △ANF ≡ △ABC を証明することにより四角形ABKNが正方形であることを証明し，△KBCが正方形BCHIおよび長方形BKLMの $\frac{1}{2}$ の面積であることから正方形BCHIと長方形BKLMが等しいことを証明する．

同様にして △NAC との関係から正方形ACGFと長方形ANLMが等しいことを証明する．この場合も2対の正方形と長方形の面積が等しいことを証明する為に2組の直角三角形の合同を証明している．

⑶ **直角をはさむ2辺上の正方形が，直角三角形の内側にあるもの：C型**

No.16 ⑯，No.17 ⑰および No.18 ⑱がこれに該当する．

この場合も，その正方形の書き方に工夫を要する．⑯と⑰では，異なる書き方をしているので参考にしてほしい．

(4) 3つの正方形をかく場合で上記以外の場合：D型（該当なし）

2. 直角三角形の各辺上の正方形の一部を省略するもの

(1) 斜辺を1辺とする正方形のみ省略するもの：E型

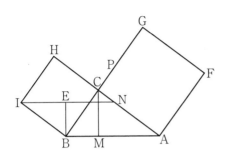

No.19 ⑲がこれに該当する．斜辺上の正方形はかかれていないが，その代わり AB，BM，MA を使い，BE と BM が等しいことを証明するため △IBE ≡ △CBM を証明している．

(2) 斜辺を1辺とする正方形のみ書くもの：F型

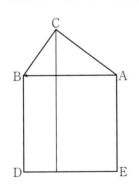

No.20 ⑳がこれに該当する．BC および AC 上の正方形は省略されているが，その代わりに AC^2，BC^2 が使われている．

3. その他：G型

直角三角形のそれぞれの辺上に二等辺直角三角形をかいて証明するもの

㉑〜㉔がこれに該当する．①〜⑳とは趣が異なるユニークな証明法である．

Ⅱ. 面積計算法

面積計算法とは

① 任意の直角三角形を含む図形をかいて

② その面積を2つの方法で計算し，その関係から

③ 直角三角形の斜辺の2乗（平方）は，他の2辺の2乗（平方）の和に等しいことを

証明するものである．

他の証明法から導かれることが多いことから，その基となる証明法に着目して次のように分類した．

1. 面積計算法系統

  (1) A型

  (2) B型

2. ユークリッド的証明法系統

  (1) C型

  (2) D型

  (3) E型

  (4) F型

  (5) G型

3. 内心等を利用するもの　H型

その関係を示す．なお，ここで示す関係はその証明法を発案した人がその様にして考えたということを表すのではなく．私が整理した結果論である．

1. 面積計算法系統

(1) A型

No.25 面積計算法 ①　　　　No.26 ②

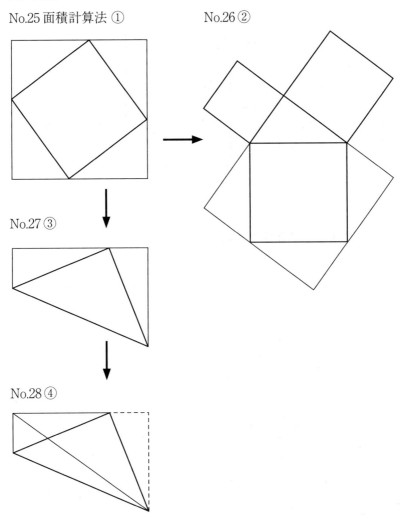

No.27 ③

No.28 ④

(2) B型

No.29 ⑤   No.30 ⑥   No.31 ⑦

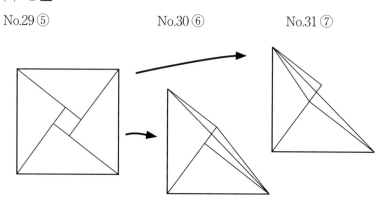

2. ユークリッド的証明法系統

(1) C型

No.5 ⑤ユークリッド的証明法 ③   No.32 面積計算法 ⑧

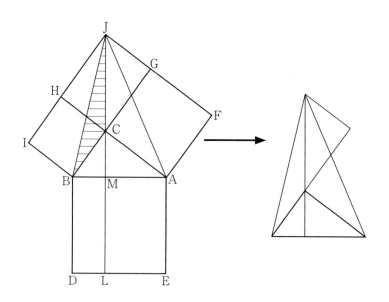

(2)　D型

No.11 ユークリッド的証明法 ⑪　　　　No.33 面積計算法 ⑨

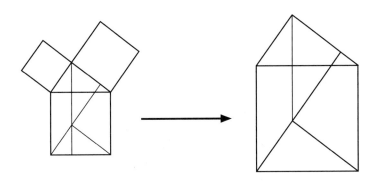

(3)　E型

No.14 ユークリッド的証明法 ⑭　　　　No.34 面積計算法 ⑩

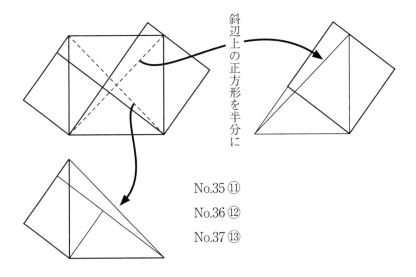

斜辺上の正方形を半分に

No.35 ⑪
No.36 ⑫
No.37 ⑬

(4) F型

No.4 ユークリッド的証明法 ④　　　　No.39 ⑮

No.38 ⑭

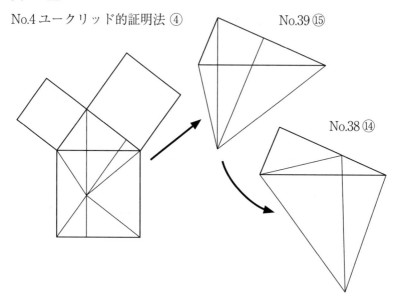

(5) G型

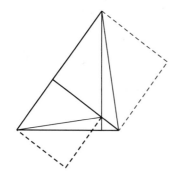

　No.40 ⑯は A～F になじめ
ないと思われ，独立させた．
⑯がどのような考えで，どの
ような過程で考えられたもの
か見当はつかないが，左の図
は1つのヒントになる．

3. 内心等を利用するもの：H型

　内心等を利用するものをH型とした．内心を利用するのがNo.41 ⑰である．この証明法は多くの本で紹介されている．直角三角形には3つの傍心があるが，これらの傍心を使っても内心と同様に証明できる．最も傍接円の小さいBC側の傍心を使って証明したのがNo.42 ⑱である．

Ⅲ．比例の関係を利用した証明法

　任意の直角三角形を含む図形をかいて，その中の相似の図形（三角形が主）の対応する辺の比例関係を利用して，ピタゴラスの定理を証明するものである．

1. 比例の関係を直接的に使うもの

　　No.43 ①〜No.52 ⑩がこれに該当する．

2. 三角関数を使うもの

　　No.53 ⑪，No.54 ⑫がこれに該当する．

3. 比例の関係を間接的に使うもの

　　No.55 ⑬，No.56 ⑭の接弦定理を利用するものがこれに該当する．

Ⅳ．図形の合同を基とする方法

　この証明法は

① 　直角三角形のそれぞれの辺を1辺とする正方形をかき

② 　図形の合同を基として

③ 　斜辺上の正方形の面積が，他の2つの正方形の面積の和に等しいことを

証明するものである．

1. 分割法

(1) 全体分割法

この証明法は

① 直角三角形のそれぞれの辺を1辺とする正方形をかき

② 斜辺上の正方形全体の面積と，他の2つの正方形の面積の和に等しいことを

③ 互い等しい同形（同面積）同数の図形に分割して証明するもの

ア．A型

A型の考え方は次の通りである．

①

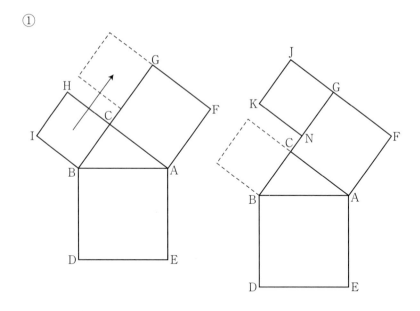

BC上の正方形をBGに添ってGの位置まで移動させる．

②

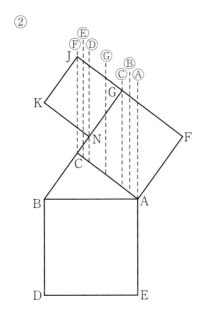

　次に縦線で分割して，分割した部分を左に平行移動させて，図形の左側に密着させる．その縦線の位置は，一般的な証明とするために，特徴があることが必要で，Ａを通るⒸ，Ｇを通るⒺ，その中間を通るⒹ，Ｎを通るⒻ，Ｊを通るⒽ，その中間を通るⒼ，ⒻとⒺの中間を通るⒾの7通りが考えられる．

③

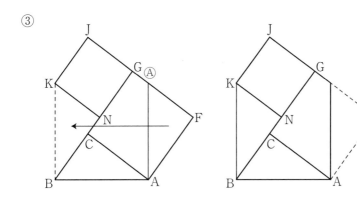

　先ず，縦線Ⓒで分割した場合について説明する．（ＡＢより下は関係がないので省略する）

165

④

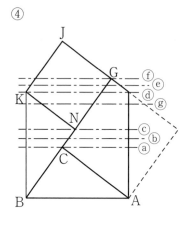

次に横線で分割し，線から下を上に平行移動させて，図形の上部に密着させる．この場合も②で述べたのと同じ理由で，その位置としては，Cを通る@，Nを通る©，その中間の⑥，Kを通る④，Gを通る①，その中間の⑥，①と©の中間の⑧の7通りが考えられる．

⑤

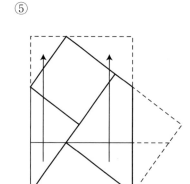 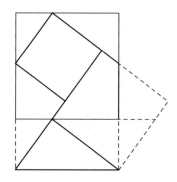

例として@で分割した場合を説明する．@より下の部分を上に平行移動させ，図形の上部に密着させる．

⑥　Ⓐ−ⓐ

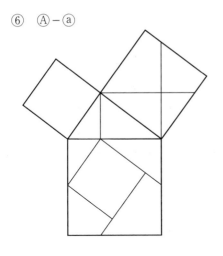

　⑤の結果，左の図の様に，
No.57全体分割法①が出来
上がる.

⑦

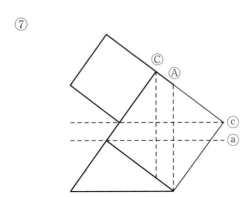

　この様にして7（通り）×7（通り）＝49通りの分割法ができるか
というと，そうはならない．たとえば，縦線Ⓐ〜Ⓖの7通りの内の
ⒶとⒸおよび横線ⓐ〜ⓖの7通りの内のⓐとⓒの4通りの組合せに
ついて考えてみる．前頁⑤のⒶ−ⓐの組合せ以外のⒶ−ⓒ，Ⓒ−ⓐ，
Ⓒ−ⓒについて結果を示すと次頁⑧のようになる.

⑧ Ⓐ－ⓒ   Ⓒ－ⓒ

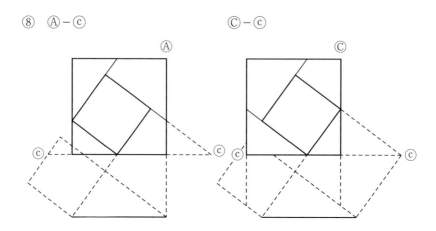

Ⓒ－ⓐ

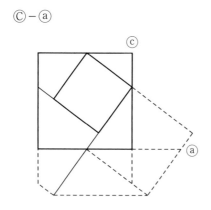

　⑤のⒶ－ⓐ，⑧のⒶ－ⓒ，Ⓒ－ⓒ，Ⓒ－ⓐの 4 通りから出来る分
割法は次の通りである.

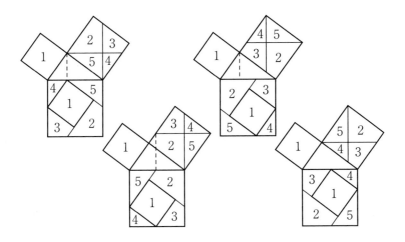

　これらを比較すると，各正方形が回転している形になっている．
この様な分割は，同じ分割法と考えるべきであると思う．

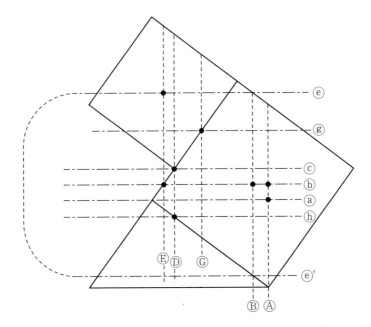

　したがって，このような重複関係を排除し，分割した結果の形が
わかりやすいものを選ぶと上の8通りの組み合わせが残る．

これらの組み合わせと全体分割法との関係は次の通りである.

Ⓐ−ⓐ　No.57①，　Ⓐ−ⓑ　No.58②，　Ⓑ−ⓑ　No.59③

Ⓓ−ⓒ　No.60④，　Ⓓ−ⓗ　No.63⑦，　Ⓔ−ⓑ　No.64⑧

Ⓔ−ⓔ　No.65⑨，　Ⓖ−ⓖ　No.97④

和算でピタゴラスの定理の証明法とされている No.68⑫，No.69
⑬，No.70⑭も A 型に準ずるものとしてこの中に含めた.

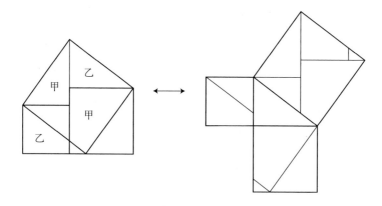

上の左の図 No.70⑭を基にすれば右のアナイリチ型になる．しか
し，和算における証明として下の左の図を挙げているのもあり（資
39），これだとカンパ型になる．なお，No.68⑫もカンパ型になる.

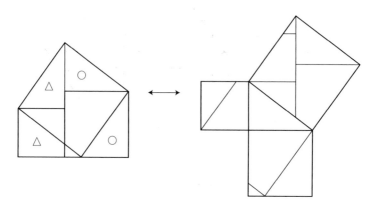

イ．B型

　No.71 ⑮，No.72 ⑯は独特なもので B 型とした．その原理は，次の通り．

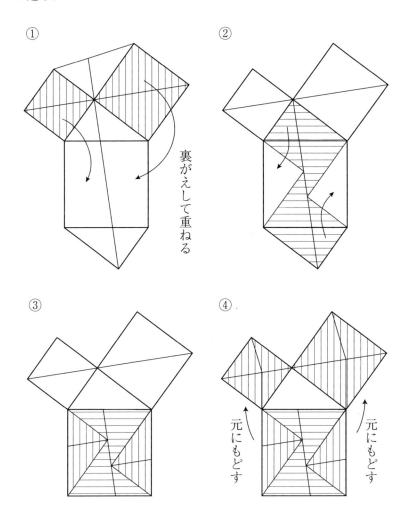

①

②　裏がえして重ねる

③

④　元にもどす　元にもどす

ウ．C型

No.73 ⑰（下の図）は，独特なものであるのでC型とした．
No.74 ⑱は分割数は1つ増えたが，できあがりの形に特徴がある．

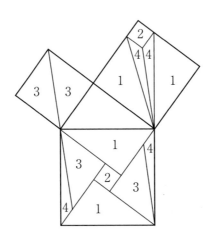

エ．D型

No.75 ⑲をD型とした．一般に良く知られた証明法である．斜辺上の正方形を分割し，それを再構成することにより直角をはさむ2辺上の正方形にするという考え方である．これも全体分割法の一種としてここに入れた．

オ．E型

No.76 ⑳はユニークで独特なものである．E型とした．

カ．F型

No.77 ㉑をF型とした．和算家の考えた図（資4）からヒントを得て考えたものである．分割法は互い合同である図形に分割して同面積であることを証明するものであるが，F型では，一部に等積という考え方が入る．この種のものもいくつか考えたがその内の2つを参考のため挙げておく．（1959.7）

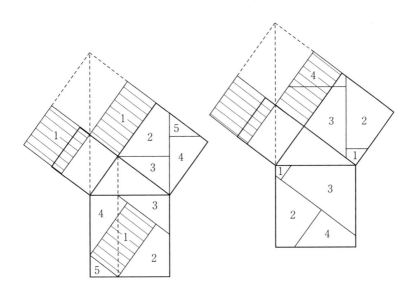

なお，左の図の上方の1の正方形と長方形が等しい証明は比例を使ってもできるが，その場合は全体分割法と比例の関係を利用した証明法との併用法となる．

⑵ 二分分割法

二分分割法とは次の様なものである.

① 直角三角形のそれぞれの辺を1辺とする正方形をかく.

② 斜辺上の正方形を直角三角形の直角の頂点より斜辺に下ろした
垂線の延長線で二分し, 直角をはさむ1辺上の正方形が斜辺上に
その辺が投ずる正射影と斜辺とのなす長方形に等しいことを

③ 互いに等しい同形同数の図形に分割して証明することにより
ピタゴラスの定理を証明するものである.

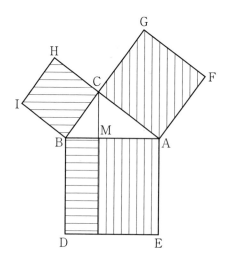

左の図においてBMが
BCの斜辺AB上に投ずる
正射影, AMがACの斜辺
ABに投ずる正射影である.

No.78 ①〜No.80 ③がこれに該当する.

2. 附加法

附加法とは

① 直角三角形のそれぞれの辺を1辺とする正方形をかいて

② 斜辺上の正方形の面積は，他の2辺をそれぞれ1辺とする正方形の面積の和に等しいことを

③ 互いに等しい同形同数の図形を附加して，全体を互いに等しい同形の図形にすることにより証明するものである．

「等しいものから等しいものがひかれれば，残りは等しい」という公理に基づいている．

附加法は

(1) 全体附加法

(2) 二分附加法

に分ける．

全体附加法は

ア．A型

イ．B型

ウ．C型

オ．D型

に区分する．

(1) 全体附加法

ア．A型

No.81 ①，No.82 ②がこれに該当する．

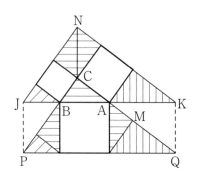

例えばNo81 ①の場合は合同である大△KJN と△QPCから，それぞれ互いに合同である5組の三角形を差し引いた残りが等しいというもの

イ．B型

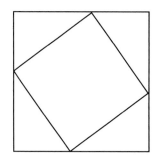 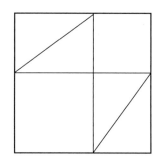

斜辺上の正方形と，直角をはさむ2辺上の正方形のそれぞれに図の様に4つの直角三角形を附加すれば同じ大きさの正方形になることを基としたもの．

No.83 ③〜No.87 ⑦がこれに該当する．

ウ．C型

B型が4つの直角三角形を附加したのに対して3つの直角三角形

をそれぞれに附加して証明するものである．No.88 ⑧がこれに該当する．

エ．D型

更に2つの直角三角形をそれぞれに附加して証明するものをD型とした．これに該当するのはNo.89 ⑨とNo.90 ⑩である．

オ．E型

D型から更に附加する直角三角形の数を減らして1つにしたのがE型である．

No.91 ⑪がこれに該当する．

(2) 二分附加法

二分附加法は

① 直角三角形のそれぞれの辺を1辺とする正方形をかく．

② 斜辺上の正方形を，直角三角形の直角の頂点より斜辺に下ろした垂線の延長によって二分し，直角をはさむ1辺上の正方形が，斜辺上にその辺が投ずる正射影と斜辺のなす長方形に等しいことを

③ 互いに等しい同形（同面積）同数の図形を附加して，全体として等しい同形の図形にすることによって証明し，

ピタゴラスの定理を証明するものである．

いわゆる「直角をはさむ1辺上の正方形が，斜辺上にその辺が投ずる正射影と斜辺のなす長方形に等しい」という「ユークリッドの定理」を証明することができる．

No.92 ①，No.93 ②がこれに該当する．

Ⅴ．動画等による証明（説明）

　動画等によってピタゴラスの定理を証明するものであるが，見る人にわかりやすく，興味を持ってもらう機会にもなり得る有効な手段の一つであると思う．その場合，どんな角度の直角三角形であっても成立することを示唆するものが有効であり，その意味でも大いに創意工夫の発揮が期待される分野であると思う．

　動画等による証明は，その根拠となる証明法に着目して次のように大別した．

1. ユークリッド的証明系統：A型
2. 分割法系統：B型
3. 附加法系統：C型

A型は，No.94 ① と No.95 ②
B型は，No.96 ③ ～ No.100 ⑦
C型は，No.101 ⑧ と No.102 ⑨　である．

　ただ聞くだけでなく，実際に楽しさや驚きを体験できるチャンスがあればと思う．体験できる教材，視聴覚教材の利用，パソコンの利用等まだまだ工夫の余地のある分野である．

☆分割法における分割の数について

(1) 全体分割法の場合

全体分割法については，わかりやすく簡単なものがよい．その為

① 分割の数がなるべく少ないこと

② 分割された図形の形がより単純であること

③ 同形の図形がより多いこと

④ 同形同等であることがわかりやすいこと

⑤ 作図がより簡単なこと

その中の分割の数に注目すると，斜辺上の正方形の分割数が5の場合が最少である．

その分割数が5であるのは，次の場合である．

① （No.57）   ② （No.58）

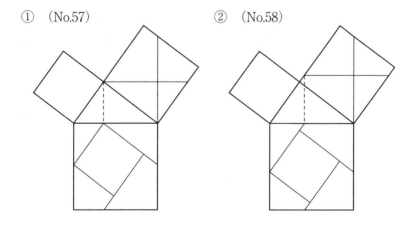

③（No.59）

④（No.60）

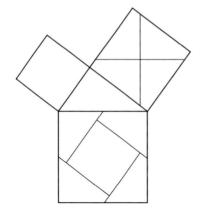

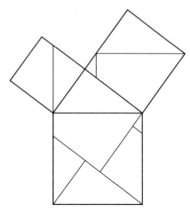

⑤（No.61）

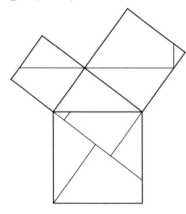

No.62 ⑥ は実質的には，5分割になる．No.66 ⑩ はNo.59 ③ に同じ，No.67 ⑪〜No.70 ⑭ は No.60 ④ か No.61 ⑤ に同じ，No71 ⑮〜No.74 ⑱は7分割以上である．

　ここに挙げた①〜⑤は最低の分割数（5）である分割法の代表的なものである．

　図形で最も単純なのは三角形であり，合同であることを証明することが最も容易な形である．また，全ての多角形は三角形に分割される．

　したがって，一般的にいえば，同じ分割数であっても三角形がより多い方が望ましい．また，三角形の次には四角形が扱いやすく五角形，六角形となると更に扱いにくい．

　以上のことから，三角形にまで分割してみたらどうなるかということがある．

　次にそのことを検討してみよう．先ず，①～⑤について検討する．

　No.59③　5個の四角形に分割されている．三角形に分割すれば，それぞれが2個となり10個となる．

　No58②　4個の四角形と1個の三角形に分解されており，全部三角形にすれば9個となる．

　No.57①　3個の四角形と2個の三角形に分解されており，三角形にすれば8個となる．

　No.60④，No.61⑤　2個の四角形と3個の三角形に分解されており，三角形にすれば7個になる．

　他の分割法についても調べてみよう．

　No71⑮，No.72⑯　全て三角形に分割されており8個である．

　No.73⑰　1個の四角形と6個の三角形に分割されており，三角形にすれば8個になる．

　No.74⑱　8個の三角形に分割されている．

　したがって，この中では，No.60④とNo.61⑤の7個が最低ということになる．

　次にNo.60④とNo.61⑤を基に7個の三角形に分割した図は次の通りである．

i
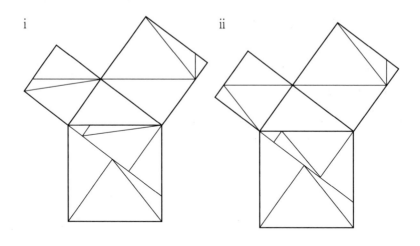

ii

iii
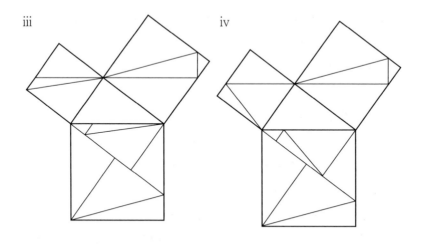

iv

v

vi

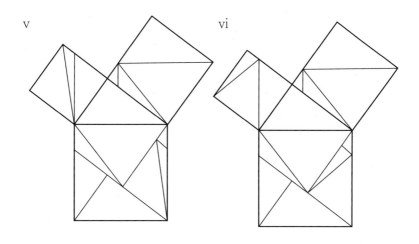

vii

viii

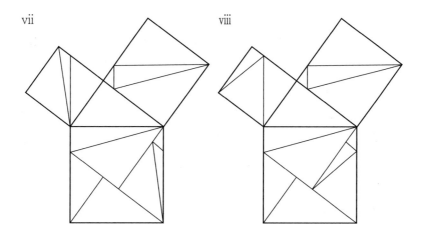

i 〜iv はカンパ型を，v 〜viii はアナイリチ型を基としたものである．v 〜viii は対応する全ての図形が平行移動で重ねられわかりやすい．中でも vii, viii は 1 組の三角形を除き，直角三角形であり扱いやすい．

　三角形に区分する場合，7 個が最少であることは，H. Brandes が1908 年に厳密に証明していると小倉金之助先生からご指導いただいた．

＜補足＞

　ここでは，分割の数を問題にしているが，分割法については同形の図形がより多いことが望ましいということもある．その意味で考えてみる．

　No.59 ③ は 1 個の正方形と 4 個の合同な四角形に分割されており（図形の種類としては 2 種類），互いの図形の合同を証明しやすい．

　三角形に分割する分割法に限定すると

　カンパ型およびアナイリチ型を基とした分割法では，分割数は7 と最低であるが，これらの 7 種の図形の間に合同なものはない．（相似のものはある．）

　No.71 ⑮，No.72 ⑯ 分割数は 8 であるが，合同である三角形が 2個 4 組含まれており，図形の種類としては，4 種類となる．（なお，この 4 種類は相似のものからなり，形からいえば大小 2 種類よりなる．）

　No.74 ⑱ 分割数は 8 であるが，図形の種類としては 4 種類である．

⑵ 二分分割法における分割数について

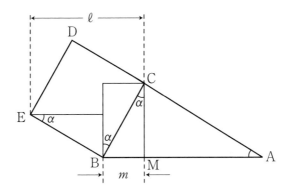

AC 上の正方形については最低３分割ですむ.

しかし, BC（長さ a）上の正方形の最低の分割数（n）について
は, ∠A（α）の大きさによって決まる.

上の図のように表すと

$$\ell = a \cos \alpha + a \sin \alpha, \quad m = a \sin \alpha$$

したがって $\dfrac{\ell}{m} = \cot A + 1$ となる（∠A = α）

したがって 正方形 BCDE を分割する最低の数 n は

ア．cot A が整数の場合

正方形を平行四辺形にするための最低分割数は $\cot A + 1$ であ
るが, 平行四辺形を長方形にするため最低でももう１分割必要な
ので

$$n = \cot A + 2$$

イ．cot A が整数でない場合

$$n = [\cot A] + 3$$

ただし，$[\cot A]$ は，cot A の小数以下を切り捨てた整数値
となる．

たとえば，$\angle A = 45°$ の場合は，$\cot 45° = 1$

 したがって $n = 3$

また，$\angle A = 30°$ の場合は，$\cot 30° = 1.732$

 したがって $n = 4$

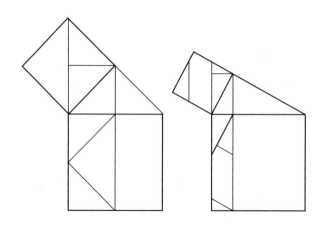

∠A と n の関係

∠A			n	∠A			n
45°			3	4° 45′	~	4° 24′	15
44° 59′	~	26° 34′	4	4° 23′	~	4° 06′	16
26° 33′	~	18° 27′	5	4° 05′	~	3° 49′	17
18° 26′	~	14° 03′	6	3° 48′	~	3° 35′	18
14° 02′	~	11° 19′	7	3° 34′	~	3° 22′	19
11° 18′	~	9° 28′	8	3° 21′	~	3° 11′	20
9° 27′	~	8° 08′	9	3° 10′	~	3° 01′	21
8° 07′	~	7° 08′	10	3° 00′	~	2° 52′	22
7° 07′	~	6° 21′	11	2° 51′	~	2° 44′	23
6° 20′	~	5° 43′	12	2° 43′	~	2° 37′	24
5° 42′	~	5° 12′	13	2° 36′	~	2° 30′	25
5° 11′	~	4° 46′	14	2° 29′	~	2° 24′	26

たとえば，∠A = 3° の場合は分割数は 22 になる.

二分分割法では，直角をはさむ 2 辺の内，長い辺を 1 辺とする正方形の分割数は最低 3，短い辺を 1 辺とする正方形の分割数は最低 n，したがって斜辺上の正方形は最低でも $(n + 3)$ 個に分割されることになる.

☆ピタゴラスと無理数

　諸資料によれば，ピタゴラスは宝石細工師ムネサルコスの子供として ギリシャのサモス島に生まれたという．生年は明らかではないが，紀元前 570 年頃であろうと言われている．

　彼は 18 歳の頃，哲学者タレスのもとで学んだと言われる．タレスは，ピタゴラスが優秀な人材であることを認め，彼に様々な知識を授けた．

　ピタゴラスはタレスの勧めに従い，エジプトに行き，また，バビロニアで多くを学び，紀元前 530 年頃サモスに帰ったという．

　しかし，ピタゴラスはサモスが学問をする環境として不適当と考え，南イタリアへと旅立った．ピタゴラスがクロトンに居を定めたのは，紀元前 520 年頃と言われている．クロトンで政治的教団を結成した．この人々はピタゴラス主義者と呼ばれていたらしい．ピタゴラス学徒あるいはピタゴラス派という言い方もある．彼らは数学の研究集団でもあった．そして，数学の原理をあらゆる存在の原理であると考えていた．数は存在の構成要素であり，そこから人間の生活する三次元世界の物体が構成されると考えていたのである．そのピタゴラスは，「ピタゴラスの定理」の発見・証明を喜び，この定理を重要視した．

　ディオゲネス・ラエルティオス（2 世紀末）によると，数論家のアポロドロスによれば，ピタゴラスの定理を発見したときに，百頭の牡牛を犠牲に捧げたということである（資 19）．

　ところがその中に困った問題がひそんでいた．ピタゴラスはその数に対する考え方から線分の長さは，整数比で表されると考えていた．それがピタゴラスの定理によって否定されたのである．

　今，最も単純な直角をはさむ 2 辺がそれぞれ 1 である直角三角形

を考える．そうするとピタゴラスの定理によって，$1^2 + 1^2 = 2$であるから斜辺の長さは，

2乗すれば2になる数 $\sqrt{2}$ である．$\sqrt{2}$ が整数の1比で表されるとすると

$$\sqrt{2} = n/m$$

（n と m は共通する約数を持たない互いに素な整数とする）と表される．

この両辺を2乗すると $2 = \dfrac{n^2}{m^2}$

したがって，$2m^2 = n^2$

とすると n は偶数でなければならない．（奇数は2乗しても奇数）

そうすると $\dfrac{n}{2}$ も整数となる．

$\dfrac{n}{2} = k$ とすると，$n = 2k$ となる．

したがって，$2m^2 = (2k)^2 = 4k^2$

したがって，$m^2 = 2k^2$ となり m も偶数ということになる．

m も n も2で割れるという矛盾した結果になった．

$\sqrt{2}$ が整数比で表すことができると仮定すれば，必然的に導かれる矛盾する結論であり，この結果からは，$\sqrt{2}$ が整数比で表すことができるという仮定そのものを否定せざるをえない．

ピタゴラス派のヒッパスス（あるいはヒパス，ヒッパソス，ヒパソス）がこのことを発見したという．当然ピタゴラスもこのことを認めざるを得ない．

この発見は，ピタゴラス派の外部に漏らしてはならない秘密とされた．

☆証明法についての補足説明

No.57　全体分割法①の証明

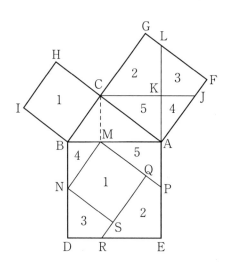

直角三角形 ABC の各辺上に図のように正方形をかく．AE の延長線 AL をかく．C より AB に平行な線 CJ をかき，AL との交点を K とする．C より AB に垂線 CM を下ろす．M より BC に平行に MN をかく．M より AC に平行に MP をかく．MP 上に，MQ = HC となるように Q をとる．Q から BC に平行に QR をかく．N から IB に平行に NS をかく．

分割された図形に図のように番号をつける．

AJ∥NM，JK∥MB　したがって　∠AJK = ∠NMB

KA∥BN，AJ∥NM　したがって　∠KAJ = ∠BNM

また，四角形 ABCJ と四角形 BCMN は対辺が平行で平行四辺形であるから

$$AJ = BC = NM$$

である．よって 1 辺とその両端の角がそれぞれ等しく

$$\triangle AJK \equiv \triangle NMB \quad \cdots\cdots 4$$

KC∥AM，CA∥MP であり ∠KCA＝∠AMP

四角形AKCMは対辺が平行であり四隅が直角であるから長方形

したがって KC＝AM また四角形ACMPも対辺が平行であり

平行四辺形である．

よって CA＝MP

したがって2辺とその間の角がそれぞれ等しく

$$\triangle CAK \equiv \triangle MPA \quad \cdots\cdots 5$$

四角形SQMNは，4隅が直角である．また，四角形BCMNは平行

四辺形であり CB＝NM，かつ MQ＝HC であるから

$$正方形BCHI \equiv 正方形SQMN \quad \cdots\cdots 1$$

∠LAF＝90°－∠LAC＝∠BAC，AF＝AC

∠LFA＝∠BCA＝90° したがって，△ALF≡△ABC

よって LF＝BC＝NS，

また，LK＝AL－KA＝BD－BN＝ND，∠JKL＝∠RDN

KL∥DN，LF∥NS で ∠KLF＝∠DNS，∠LFJ＝∠NSR

したがって 四角形FLKJ≡四角形SNDR ……3

CK＝CJ－KJ＝DE－DR＝RE

KL＝AL－AK＝AB－AK＝EA－PA＝EP

GC∥QR，CK∥RE で ∠GCK＝∠QRE，∠CKL＝∠REP

∠KLGと∠EPQは平行線LGとPQの同位角にあたり等しい

したがって 四角形CKLG≡四角形REPQ ……2

したがって，番号が同じ図形は合同であり

$$正方形BCHI ＋ 正方形ACGF ＝ 正方形ABDE$$

が成立する．

No.61　全体分割法⑤の証明

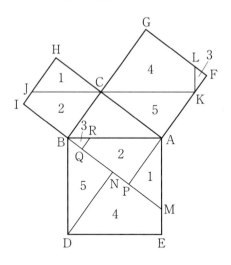

Cを通りABに平行な線JKをひく。KよりCKに直角にKLをひく。IBの延長線とAEとの交点をMとする。FAの延長線とBMとの交点をPとする。BM上にBよりKFと等しくBQをとる。QよりBMに直角にQRをひく。DよりBMに垂線DNを下ろす。

BC∥KA，CK∥ABであり，四角形BCKAは平行四辺形である。

したがって　KC = AB = DB

CK⊥DB，KA⊥BN　であるから　∠CKA = ∠DBN

共に直角三角形であり斜辺と1つの鋭角が等しく

　　　　△CKA ≡ △DBN　……5

BC∥AP，CA∥PBであり，四角形BCAPは平行四辺形である。

したがって　HC = BC = AP，∠JHC = ∠MPA = 90°

HC⊥PA，CJ⊥AMであるから　∠HCJ = ∠PAM

したがって　△CJH ≡ △AMP　……1

GC = AC = ND, CK = BA = DE, ∠LGC = ∠MND

GC ∥ ND, CK ∥ DE であるから ∠GCK = ∠NDE

∠CKL = ∠DEM = 90°

したがって 四角形LGCK ≡ 四角形MNDE ……4

∠LFK = ∠RQB = 90°, FK = QB

FK ⊥ QB, KL ⊥ BR であるから ∠FKL = ∠QBR

したがって △KLF ≡ △BRQ ……3

CB = AP, BI = CB = KA = AF − FK = PB − QB = PQ

IJ ∥ QR, JC ∥ RA であるから ∠IJC = ∠QRA

JC ∥ RA, CB ∥ AP であるから ∠JCB = ∠RAP

∠CBI = ∠APQ = 90°

したがって 四角形IJCB ≡ 四角形QRAP ……2

したがって同じ番号の図形は合同であり

正方形BCHI + 正方形ACGF = 正方形ABDE

が成立する.

参考文献一覧

資1　『幾何学辞典：問題解法』長澤亀之助著
　　　宝文館　1912年（増訂16版）

資2　『初等幾何学第一巻』ルーシェ・コンブルース著
　　　小倉金之助訳註　山海堂　1929年（訂正12版）

資3　『数学閑話』大上茂喬著　文明社　1929年

資4　『林鶴一博士和算研究集録下巻』林博士遺著刊行会編
　　　東京開成館　1937年

資5　『数学の本質』高見　豊・高見　亘共著
　　　旺文社　1943年（重版）

資6　『わかる幾何学』秋山武太郎著　高岡本店　1943年

資7　『図形の生い立ち』矢野健太郎著
　　　学習社　1948年

資8　『ピタゴラスの定理』高見　豊著　学窓（雑誌）1949年3月号

資9　『ピタゴラスの定理』大矢眞一著
　　　東海書房　1952年

資10　『零の発見』吉田洋一著
　　　岩波書店　1956年（第22刷改版）

資11　『ピタゴラスとその定理』国土社　1978年
　　　遠山　啓・銀林　浩・霜越松太郎・木村稔子編著

資12　『ボイヤー数学の歴史1』加賀美鉄雄・浦野由有訳
　　　朝倉書店　1983年

資13　『世界大百科事典』
　　　平凡社　1988年

資14　『幾何学大辞典第1巻』岩田至康編
　　　槙書店　1988年

資15　『証明のすすめ・数学の証明』リュディガー・ティーレ著
　　　金井省二訳　森北出版　1990年

資16　『幾何学のおもしろさ』小平邦彦著
　　　岩波書店　1990年

資17 『幾何物語　現代幾何学の不思議な世界』
　　　瀬山士郎著　ほるぷ出版　1993年

資18 『数学を築いた天才たち(上)』スチュアート・ホルングデール著
　　　岡部恒治監訳　講談社　1993年

資19 『ギリシャ数学のあけぼの』上垣　渉著
　　　日本評論社　1995年

資20 『美しい数学—数学の本質と力』ドナルド・ディビス著
　　　青土社　1996年

資21 『非ヨーロッパ起源の数学』ジョージ・G・ジョーゼフ著
　　　垣田高夫・大町比佐栄訳　講談社　1996年

資22 『不思議おもしろ幾何学事典』D. ウェルズ著
　　　宮崎興二ほか訳　朝倉書店　2002年

資23 『証明の展覧会Ⅰ—眺めて愉しむ数学』Roger B. Nelsen著
　　　秋山　仁ほか訳　東海大学出版会　2002年

資24 『証明の展覧会Ⅱ—眺めて愉しむ数学』Roger B. Nelsen著
　　　秋山　仁ほか訳　東海大学出版会　2003年

資25 『初等幾何のたのしみ』清宮俊雄著
　　　日本評論社　2004年

資26 『ピタゴラスの定理の別証明』（インターネット）

資27 フリー百科事典『ウィキペディア』（インターネット）

資28 『ユークリッド原論—縮刷版』中村幸四郎ほか訳解説
　　　共立出版　2004年

資29 『自然にひそむ数学』佐藤修一著　講談社　1998年

資30 『インドの数学』林　隆夫著　中央公論社　1993年

資31 『幾何の風景』安倍　齊著　森北出版　1997年

資32 『みえる数学の世界2』山崎　昇監訳
　　　大竹出版　2000年

資33 『ピタゴラスの定理』大矢真一著
　　　東海大学出版会　2001年

資34 『あなたは数学者(下)』David Wella著　伊藤雄二・田中紀子訳
　　　日本評論社　2003年

資35 『幾何の有名な定理』矢野健太郎著
　　　共立出版　2004年（初版第15刷）

資36 『岩波西洋人名辞典』岩波書店編集部
　　　岩波書店　1986年（増補版第5刷）

資37 『日本人名大事典』
　　　平凡社　1986年（復刻版第4刷）

資38 『文明における数学』黒田孝郎著
　　　三省堂　1986年

資39 『日本大百科全書10』
　　　小学館　1989年（初版第4刷）

資40 『和算の誕生』平山　諦著
　　　恒星社厚生閣　1993年

資41 『中学数学解法事典』杉山吉茂編
　　　文英社　2004年（第10刷）

資42 『数学小辞典』
　　　共立出版　1993年（初版第49刷）

【著　者】

森下 四郎（もりした　しろう）

1933年　高知県高知市生まれ。
1953年　高知営林局に勤務。
その後、林野庁、林業講習所（研修企画官、教務指導官）等を経て、
1988年　高知営林署長を最後に退職。

新装版 ピタゴラスの定理 100の証明法 幾何の散歩道

2021年5月1日　第1版第1刷発行

著　者……… 森下　四郎
発行者……… 麻畑　　仁
発行所……… ㈲プレアデス出版
〒399-8301　長野県安曇野市穂高有明7345-187
電話 0263-31-5023　FAX 0263-31-5024
http://www.pleiades-publishing.co.jp
組版・装丁 … 松岡　　徹
印刷所……… 亜細亜印刷株式会社
製本所……… 株式会社渋谷文泉閣

落丁・乱丁本はお取り替えいたします。
定価はカバーに表示してあります。
ISBN978-4-903814-42-1　C3041
Printed in Japan